饰面人造板 VVOC 释放研究

沈 隽 王伟东 著

科 学 出 版 社

北 京

内 容 简 介

本书从降低人造板中极易挥发性有机化合物（VVOC）及气味特征化合物释放的角度出发，利用气相色谱-质谱-嗅闻（GC-MS-O）技术对不同厚度饰面人造板及漆饰人造板进行试验分析，揭示人造板家居制作材料中低分子量化合物产生异味的根源，同时探索环境因素对其释放的影响，并对板材释放的 VVOC 毒性进行评价，为健康无污染、无毒害及无异味家具制作材料的生产提供科学指导。

本书可作为木材科学与工程、家具设计与工程、室内设计等相关专业教学参考用书，也供相关专业工程技术人员阅读参考。

图书在版编目（CIP）数据

饰面人造板 VVOC 释放研究 / 沈隽，王伟东著. —北京：科学出版社，2023.11

ISBN 978-7-03-076807-0

Ⅰ. ①饰⋯　Ⅱ. ①沈⋯ ②王⋯　Ⅲ. ①饰面－木质板－挥发性有机物－释放　Ⅳ. ①TS653

中国国家版本馆 CIP 数据核字（2023）第 205716 号

责任编辑：张淑晓　高　微 / 责任校对：杜子昂
责任印制：徐晓晨 / 封面设计：东方人华

科学出版社 出版
北京东黄城根北街 16 号
邮政编码：100717
http://www.sciencep.com

北京中石油彩色印刷有限责任公司 印刷
科学出版社发行　各地新华书店经销

*

2023 年 11 月第 一 版　开本：720 × 1000　1/16
2023 年 11 月第一次印刷　印张：10
字数：200 000

定价：98.00 元

（如有印装质量问题，我社负责调换）

前　　言

随着经济的快速发展和人类社会的不断进步，人们对生活品质的要求越来越高，这也在很大程度上促进了人造板和室内装饰行业的发展。人造板作为一种家具制作材料和室内装饰材料，已经被广泛应用到生活各个领域，成为必不可少的主要用材。人造板不但能够替代木材，还能够提高木材的综合利用率，这对于缓解我国木材供需矛盾，保护我国森林资源，建设资源节约和环境友好型社会均具有重要意义。

人造板由于价格低、力学性能优异且装饰性能良好，近年来深受消费者青睐。在大量使用人造板的同时，人们也逐渐关心其对室内空气质量（indoor air quality，IAQ）造成的影响，同时也更加关注其与人体健康的相关性。人造板及其制品在室内长时间使用会释放出一些挥发性有机污染物，如挥发性有机化合物（volatile organic compound，VOC）和极易挥发性有机化合物（very volatile organic compound，VVOC），这些挥发性污染物及其气味成为影响室内人居环境和生命健康的主导因素。基于上述原因，本书以室内装饰常用的人造板（中密度纤维板、刨花板和漆饰中密度纤维板）为研究对象，利用15 L小型环境舱对其释放的VVOC及气味进行针对性试验研究，准确鉴定不同饰面人造板释放的主要VVOC物质，追溯其来源，科学评价VVOC带来的危害和影响。同时，对板材释放VVOC带来的主要气味问题进行分析，确定重要的VVOC气味特征化合物。此外，对比分析不同板材厚度、不同饰面材料和环境因素对人造板VVOC及气味释放的影响。本书的相关研究成果填补了人造板低分子量挥发性有机化合物研究领域的空白，补充了人造板挥发性有机化合物数据库，扩建了挥发性有机化合物结构信息网。同时本书对于改善和提高室内空气质量、保障居住者身心健康及促进我国木制品行业稳定健康持续发展具有重要意义。

本书共6章，均由沈隽、王伟东撰写。本书得到了国家重点研发计划项目子课题"木质家居材料VOCs释放规律、限量及饰面人造板气味分析检测技术研究"（2016YFD0600706）、国家自然科学基金面上项目"木材气味特征图谱表达与异味成因机理研究"（31971582）和中央财政林业科技推广示范项目"人造板 VOCs 释放快速检测技术"（黑[2021] TG 18 号）的资助。

　　限于作者水平，本书难免存在疏漏与不足之处，恳请读者指正。

作　者

2023 年 4 月

目　　录

第1章 绪 论

随着电子信息技术的迅猛发展，人类进入了互联网时代，这使得人类在室内生活的时间远超于室外。据相关资料报道，人们每天有将近90%的时间生活在室内，老人和儿童在室内生活的时间则更长。人们长期在室内生活、工作、学习和休息，室内空气质量（indoor air quality，IAQ）与人类生活品质密切相关。室内空气质量的好坏直接影响着人们的精神状态和身心健康。拥有一个良好的室内环境可以显著提高人们的工作和学习效率，使人们精神愉悦、心情舒畅；相反，一个不良的室内生活环境将会导致人们的工作和学习效率低，使人情绪不安，精神萎靡，甚至危害人体健康。家具产品是继建筑材料和装修装饰材料之后的又一大室内空气污染源。因此，为保障人类高质量居住环境，必须确定科学合理的室内空气质量评价依据。

目前家居建材市场上的实木家具多因价格昂贵而被部分消费群体放弃使用。人造板因具有良好力学性能、优良的可加工性及可装饰性能已逐渐成为家具制作的理想替代材料，目前已应用在生活中的诸多领域。在家具领域，人造板可用于中高档家具的制作；在室内装饰装修领域，可用作天花板和地板等；在乐器领域，可用于制作音响壳体等；另外，人造板还可以应用在车船内装修及建筑等领域，应用范围正在进一步扩大。但是，人造板成型时使用的胶黏剂及在后续喷涂装饰过程中使用的涂料和油漆等，都会释放出挥发性有机污染物，直接影响室内空气质量，进而影响人类的生活品质和身心健康。此外，人造板异味问题也成为影响室内人居环境的主要因素之一。室内装饰装修完工一段时间后，很多居住者在污染物达标的情况下仍能察觉到室内的"装修异味"，且此异味会严重影响人类的生产生活。长期处在一个有异味的室内环境中，人体健康可能会受到损害。异味通常被认为是人类健康潜在风险的"警告"标志，而不是影响健康的直接触发因素，某些产生异味的挥发性有机化合物具有潜在的危害，会刺激皮肤、眼睛和呼吸道，造成中枢神经系统异常以及心、肝、肾、脾和造血功能障碍等。此外，这类物质也会损害人类的精神状态，使人心情烦躁，注意力难以集中，严重时无法入睡等。因此，对人造板释放的挥发性有机化合物进行科学监测和合理减排调控是十分必要的。

为全面掌握人造板对室内空气质量造成的影响，通常需要从挥发性有机污染物的浓度含量和感官气味评价两方面入手。一方面利用气相色谱-质谱联用技术确定合理规范的人造板污染物释放推荐值，使其浓度含量低于危险阈值指标，科学指导室内装饰装修施工工程；另一方面将人类敏锐的嗅觉与气相色谱的高分离能力相结合，鉴别出重要的气味特征化合物，追溯其异味的可能释放来源，科学有效地评价异味物质产生的毒害。最后，通过有效的物理吸附技术或化学催化手段消除挥发性污染物对室内空气质量的影响，确保室内空气环境安全，保障人民群众健康。

　　由于欧洲各国对室内空气质量和人类健康现行法规的严格要求，挥发性有机化合物（volatile organic compound，VOC）和极易挥发性有机化合物（very volatile organic compound，VVOC）已经成为室内空气质量的重点研究指标，在室内空气质量评价和室内空气分析化学领域发挥着越来越重要的作用。"欧洲室内空气质量及其对人体的影响合作行动（ECA-IAQ）第 19 号报告"中提到，在评定多组分化合物共存的空气质量时，除 $C_6 \sim C_{16}$ 之外的其他化合物也需要同时被考虑。世界卫生组织（World Health Organization，WHO）根据室内挥发性有机化合物沸点的不同，将有机化合物划分为极易挥发性有机化合物（VVOC）、挥发性有机化合物（VOC）、半挥发性有机化合物（SVOC）和颗粒状有机化合物（POM）四类，并引入了 VVOC 的概念。利用热脱附-气相色谱-质谱/嗅觉测量技术（thermal desorption-gas chromatography-mass spectrometry/olfactometry，TD-GC-MS/O）对人造板 VVOC 及气味释放进行研究可以打破以往仅对 VOC 研究的局限性，补充了低分子量挥发性有机化合物数据库，从而更加全面清晰地掌握人造板释放的挥发性有机污染物。VVOC 作为一种低碳数、低沸点的极易挥发性有机化合物，它在释放过程中产生的气味活性物质必然会对人们的生产和生活产生不良影响。因此，应该准确鉴定人造板释放的 VVOC 组分，科学准确地评价人造板中释放的主要极易挥发性有害物质，从而对其进行合理控制，保证室内空气质量，保障人类身心健康，同时也为板材的环保化生产制作提供理论依据和参考价值。

1.1　VVOC 概述

1.1.1　VVOC 的定义

　　1989 年，WHO 在对室内挥发性有机化合物进行分类时引入了 VVOC 的概念，且 VVOC 已被 WHO 认为是对室内空气品质影响较大的一类重要污染物，涵盖了广泛的化学物质，其中有些 VVOC 是室内常用产品的组分，有些 VVOC 是化学反应的产物，还有些 VVOC 是二次产品的反应前驱体。目前对 VVOC 较为全面的定义方法主要是基于沸点、饱和蒸气压或参考分析程序等。WHO 认为沸点小于 0℃（HCHO，−19.5℃）和沸点在 50～100℃ 之间的挥发性有机化合物属于

VVOC。国际标准 ISO 16000-6：2011 将 VVOC 的定义描述为"气相色谱法中非极性色谱柱分离，在正己烷（RI＜600）之前洗脱的有机物质"。然而，很多研究并未采纳 ISO 16000-6：2011 中有关 VVOC 的定义，而是将其定义为"沸点＜69℃或者碳原子数小于 6 的挥发性有机化合物"。在 ISO 16000-6：2011 原定义的基础上，EN 16516 提出了一个更为准确的定义：VVOC 是在正己烷（n-hexane）成分之前，采用 5%苯基/95%甲基聚硅氧烷色谱柱洗脱的有机组分，ISO 16000-6 的修订草案也采用了该定义。此外，也有诸多学者提出了 VVOC 的定义，Wang 等（2016）认为，无论物质是否在正己烷之前洗脱，碳原子数小于 6 的挥发性有机化合物均应被划分到 VVOC 的范畴内。Salthammer 在 2016 年指出，色谱定义中的 VVOC 物质蒸气压力通常大于 100 Pa，甚至大于 1000 Pa。德国建筑产品健康评价委员会（AgBB）在评估与健康相关的室内应用建筑产品 VOC 的排放方案中指出，保留范围＜C_6 的所有单体化合物均认为是 VVOC。

到目前为止，VVOC 仍然没有明确的，被国内外统一认可的定义。为研究饰面人造板释放的极易挥发性有机化合物（VVOC），填补在人造板 VOC 范畴之外的研究空白，补充挥发性有机化合物数据库，本书将采用 AgBB 标准程序中有关 VVOC 的定义。

1.1.2　VVOC 的来源及危害

VVOC 种类繁多，来源广泛。室外来源主要包括汽车尾气和以煤、石油、天然气为燃料或原料的工业以及其他相关的化学工业废气等；室内来源主要包括燃煤和天然气等燃烧产物，吸烟、采暖和烹调等烟雾，建筑和装饰材料、家具、家用电器、清洁剂以及人体本身的排放等。在上述诸多类别污染源中，建筑和装饰材料、家具是室内主要污染源。在室内装饰过程中，VVOC 大部分来自木材提取物、人造板、油漆、涂料和胶黏剂等，按照随时间衰减的范围可将污染源分为一次源和二次源。一次源多指溶剂残留物、各种添加剂、增塑剂、抗氧化剂，例如，人造板在制造和饰面过程中使用的胶黏剂，包括脲醛树脂、酚醛树脂等，它们在使用过程中会随着时间的推移发生老化和分解，释放出 VVOC 和游离甲醛等。二次源则需要在特定的条件下发生物理化学反应而产生相应的有机污染物，影响室内空气品质。

作为家具制作、室内装饰常用的人造板，在长期使用过程中会释放出 VVOC，而 VVOC 会和人体接触产生潜在的危害。VVOC 被吸入人体后，由于其具有可溶性和沉淀性而在体内留存，长时间接触高浓度 VVOC（如甲醛、乙醛等）会引起急性中毒，一般会有头晕、恶心、食欲不振的症状。而对于免疫力低的特殊人群，如孕妇、儿童、老人以及慢性病患者等，将会带来群体内部存在的特殊病症，如阻碍胚胎发育，影响儿童智力成长，诱发中老年慢性疾病，引起呼吸道疾病、慢性肺病、气管炎、支气管炎、肺癌，严重者甚至出现生命危险。针对不同的人群，VVOC 表现出的危害也存在明显的差异。对于孕妇，由于女性的生理结构特殊，VVOC 对女性身体的伤害更大，对胚胎及胎儿的发育也有很大的危害，严重时可能会导致胎儿畸形；未成年儿童的身体正处于发育时期，自身免疫系统较弱，更容易受到室内空气污染的危害，诱发白血病、哮喘等，还会影响身高和智力发育；对于办公室白领，在高浓度 VVOC 的办公环境中容易产生头晕、胸闷、无力、情绪不稳定等不适症状，不仅影响工作效率，也易引发各种疾病，严重时还可能会致癌；对于老年人，其各项身体机能均处于下降阶段，高浓度 VVOC 不仅会引起老年人气管炎、咽喉炎、肺炎等呼吸道疾病，还会诱发高血压、心血管、脑溢血等病症，严重时将危及生命。此外，VVOC 组分中的部分化合物具有强刺激性气味，且部分化合物具有基因毒性。除直接接触带来的皮肤问题外，一般认为，人类长期处于高浓度的 VVOC 环境中会导致机体消化系统受损，免疫水平失调，影响中枢神经系统功能等。

目前人造板中较为常见的 VVOC 组分主要有甲醛、乙醛、丙醛、丙烯醛、戊醛、乙醇、丙酮、乙酸乙酯、四氢呋喃、二氯甲烷、三氯甲烷、1-丁醇和 1, 4-二噁烷等。

1.2　VVOC 检测分析

对 VVOC 进行试验研究的必要条件是 VVOC 的采集与检测分析。与 VOC 的采集方法相类似，目前常用的 VVOC 采集方法主要包括气候箱法和实验室小空间释放法（FLEC）。气候箱法作为挥发性气体 VOC 的常用采集方法同样也适用于 VVOC 的采集，但采集气体样品时所使用的吸附管会存在一定的差别。Tenax-TA 吸附管适用于 VOC 的采集与分析，但在 VVOC 采集方面具有一定的局限性。相关研究已经报道了利用多填料吸附管（内含 Carbopack C、Carbopack B 和 Carboxen 1000 三种填料）对 VVOC 进行采集分析。虽然气候箱法是挥发性气体检测的常用采集方法，但其存在检测时间过长、设备维护费用高等问题。而 FLEC 法是一种较为新颖的挥发性气体采集方法，它可以通过控制释放时需要的条件来达到采集气体样品的目的，进而得到气体样品的成分信息和浓度含量。在欧洲标准草案中，FLEC 法是 VOC 或游离甲醛采集分析的推荐方法。

同样，VVOC 的常用分析方法主要是气相色谱-质谱（GC-MS）法。GC-MS 法是将具有高分离能力的气相色谱与高精度的质谱进行联用的测量技术，这一技术被广泛应用到化学物质的分析中。ISO 16000-6 标准中描述了通过吸附剂取样、热脱附和气相色谱结合质谱（TD-GC-MS）测定室内和实验室空气中挥发性有机化合物（VOC）的方法。该方法也为 VVOC 的测定分析提供了新的方向，但吸附剂的组合和色谱柱的适用性在 VVOC 测定时应该予以重点考虑。Even 等（2023）通过试验解决了 VVOC 分析程序标准化方面的主要差距，同时在气体标准、色谱柱和吸附剂的选择方面取得了决定性进展。此外，还从商业和自制气体标准中成功生成了包含 47 种 VVOC 和 13 种 VOC 的一种标准气体混合物。Schieweck 等（2018）使用装有 Carbograph 5TD 的吸附管，结合热脱附仪和气相色谱-质谱法进行小体积气体采样分析时发现，C_3 和 C_6 之间的 VVOC 甚至可以在非常低的定量限下被检测到，然而对于低分子量醛酮物质（$\leq C_3$）的检测却存在一定的局限性。Schieweck 等通过热解吸和耦合气相色谱/质谱（TDS-GC/MS）技术研究了固体吸附剂对室内空气中 VVOC 的最大吸附量，并探索了现有吸附剂性能，优化了 GC-MS 分析参数。H. Takanobu 等利用顶空进样法和 GC-MS 测量技术测定各种水体环境中 VVOC 的释放特性时发现，二氯二氟甲烷、氯甲烷、氯乙烯、溴甲烷、氯乙烷和三氯氟甲烷等是主要的 VVOC 组分，此方法实现了水体环境中 VVOC 的检测分析。I. Ueta 等（2015）采用吹扫和捕集分析的针状萃取装置从水样品中萃取到了甲醇、乙醛、乙醇、丙酮、乙腈和二氯甲烷等 VVOC 物质，并通过 GC-MS 进行测定，得到了甲醇、乙醛、乙醇、丙酮、乙腈和二氯甲烷的定量限度，分别为 75 g/L、75 g/L、7.5 g/L、0.5 g/L、10 g/L 和 0.5 g/L，目前该测试方法已应用在果汁等工业样品中 VVOC 的测定。W. Horn 等（2012）通过两种测定方法分析室内空气或建筑产品中甲酸和乙酸的释放特性时发现，利用 2,4-二硝基苯肼（DNPH）衍生化洗脱，通过液相色谱-质谱（LC-MS）鉴定分析的方法更具有科学性和可行性，并且该方法的准确度和精密度较高。

　　近年来，国内在 VVOC 的采集分析方面也取得了很大的进展。东北林业大学沈隽教授课题组率先展开了木材及人造板 VVOC 方面的研究，取得了较为丰硕的研究成果。王启繁等通过气相色谱-质谱-嗅闻（GC-MS-O）技术对聚氨酯（PU）涂料、紫外（UV）光固化涂料和水性涂料涂饰的酸枣木、水曲柳和柞木的气味释放成分展开了分析研究。结果发现，VOC 是 PU 涂料饰面材和水性涂料饰面材的主要释放组分，而 VVOC 是 UV 涂料饰面材的主要气味成分。刘铭等探究板材厚度和饰面材料对饰面刨花板 VVOC 和气味释放的影响时发现，饰面刨花板释放的主要 VVOC 组分是醇类和酮类，具有较高气味强度的特征化合物为醇类、酮类、醚类和酯类 VVOC。板材厚度和饰面材料对 VVOC 及其气味的释放具有显著影响。

1.3　人造板 VVOC 及气味释放研究现状

1.3.1　国外相关研究现状

　　目前，国外针对人造板挥发性有机化合物的研究主要侧重在游离甲醛释放量检测、VOC 的成分鉴定分析和健康风险评估几个方面，有关人造板 VVOC 检测分析的研究却鲜有报道。现阶段国外针对 VVOC 的研究主要侧重在吸附剂及研究方法的选择上，研究尚处在起步阶段。Ebrahimi 和 Fatemi（2017）以 P25 为 TiO_2源，通过水热法制备了 TiO_2 还原氧化石墨烯纳米复合材料，并以 VVOC 作为模型分子，在一定量乙醛污染的连续气流中考察了复合材料的光催化活性。结果发现，在可见光照射下，0.5 wt% RGO 的 P25-RGO 降解效率显著提高，在比流量为17 mL/min 和 500 ppm（1 ppm=10^{-6}）乙醛的正常条件下，使用 30 mg 的涂层复合物即可达到 70%的转化率，研究取得了较好的效果。Brown 和 Crump（2013）比较了吸附剂的性能，发现与单独使用 Tenax-TA 吸附管相比，含有石英棉/Tenax-TA/Carbograph 5TD 的多填充剂吸附管对 VVOC 的吸附效果更好，吸收VVOC 的范围更广，这为 VVOC 的采集方法提供了借鉴参考。M. Hippelein（2006）利用固相微萃取（SPME）技术对一幢翻新过的建筑物进行 VVOC 检测时发现，在建筑物内使用丙酮、乙酸甲酯和 2-甲基戊烷是导致该建筑物较其他建筑物VVOC 浓度升高的主要原因之一。Wilke 和 Jann（2016）对不同厂家生产的刨花板进行甲醛、乙醛和丙酮等物质的检测分析。结果发现，所有厂家生产的刨花板中甲醛均呈现较高的排放速率，甲醛、乙醛和丙酮等 VVOC 的排放会对风险指数R 值产生显著影响，从而影响人体健康评估。S. Uchiyama 等（2004）利用 2,4-二硝基苯肼硅胶高效液相色谱（HPLC）法测定空气中 $C_1 \sim C_4$ 的脂肪酸和醛类组分时发现，甲酸在室温下与 DNPH 的反应非常缓慢，而在 80℃时反应 5 h 即可充分反应，这种研究方法为酸醛物质的测定提供了新的研究思路。Schieweck（2021）发现 C_4 和 C_5 烷烃是木结构房屋中最为丰富的 VVOC 组分，推测其是从绝缘材料中的推进剂释放出来的。研究结果还发现，一半的房屋中，丙烷、1,2-二醇、乙醛和 $C_1 \sim C_8$ 羧酸都超过了德国的室内指导值。由于严格的法规，乙醛和羧酸将取代甲醛，成为关注的焦点。选择适当的建筑材料仍然是保证良好室内空气质量的重要途径。

国外在挥发性有机化合物气味方面的研究主要侧重在食品、日用品、涂料领域，在人造板领域的研究很少，其主要内容包括化合物结构与气味特征的关系及化学结构对某些特定化合物气味阈值的影响等。S. Tatsu 等（2020）从烤大麦茶（由去壳大麦或裸大麦制备而成）中提取了挥发性物质并进行了比较分析。结果发现，裸大麦茶和去壳大麦茶中分别有 22 种和 23 种增香剂；气味活性值（OAVs = 浓度/气味阈值）计算表明，2-甲氧基苯酚和反式异丁香酚是导致烟熏中浓烟味较重的关键化合物，烤大麦茶中主要的气味化合物有 2-乙酰基吡嗪、2-乙酰基-1-吡咯啉和 3-甲基丁醛。J. Bartsch 等（2016）探究了 44 种以上香料消费品中挥发性有机化合物的气味，在所有香味产品中共识别出近 300 种不同的气味，还发现苯甲醇、肉桂醛、香茅醇、丁香酚、芳樟醇和柠檬烯是常见的过敏原，特别是芳樟醇和柠檬烯在 50%以上的产品中被鉴别出来。Ghadiriasli 等（2018）采用气味提取稀释分析（OEDA）技术，通过人类感官和化学分析技术相结合的方法对橡木释放的气味进行了研究，结果共得到 97 种气味化合物，大多数气味化合物主要是由萜类、醛类、酸类、内酯类及某些多酚类物质组成。L. Schreiner 等（2017）利用人类感官分析和气相色谱-嗅觉法对香柏木释放的气味物质进行分析，60 多种气味物质被检测出来，通过气相色谱-质谱/嗅觉法和二维气相色谱-质谱/嗅觉法成功鉴定出 22 种最有效的气味物质，这些气味化合物主要由一系列萜烯、几种脂肪酸降解产物和一些酚醛类物质组成，百里香醌首次被证明是具有铅笔味道的气味物质。Diaz-Maroto 等（2008）使用 GC-MS/O 测量技术分析了来自不同国家的橡木提取物中的气味成分。结果发现，橡木含有典型的香气化合物，也含有散发出果香的气味活性化合物。L. Cullere 等（2013）采用 GC-MS/O 技术研究了橡木和香雪松等木材提取物中的香气活性成分，并通过人类感官对不同类型木材的香气成分进行了评价，发现气味特征化合物构成了木材香气的基础，且可根据其气味特征进行排序以此来说明气味的贡献程度。P. Bauer 和 A. Buettner（2016）分析了六种丙烯酸涂料的气味活性成分，鉴别出的气味物质主要是苯衍生物（如苯乙烯、乙苯、烯丙基苯、丙苯），这些物质具有类似塑料、芳香和溶剂的气味。

1.3.2 国内相关研究现状

近年来我国在挥发性有机化合物的检测方面也取得了诸多研究成果，主要涉及人体呼吸、3D 打印、人造板、大气环境和污染源等领域。He 等（2019）利用 GC-MS 技术对人体呼出的气体进行测定分析时发现，呼吸样本中检测到的挥发性物质主要为丙酮和异戊二烯，此次检测到的挥发性化合物类型与以往研究基本一致，但具体物质较以往研究存在很大差别。此外，试验中还发现 VVOC 的排放速率低于以往研究，但 VOC 中芳香烃的排放速率仍然处在同一数量级上。Gu 等（2019）研究台式 3D 打印机运行过程中排放颗粒物和气体污染物的特性时发现，VOC（主要为苯乙烯、苯甲醛和乙苯）和少量 VVOC（乙醛、丙烯醛、2-丙醛、丙烯腈、乙醇和丙酮）被检测出来，但具体释放特性有待进行深入研究。Wang 等使用多填料吸附管和 15 L 环境舱进行 VVOC 采样，利用 GC-MS-O 对不同厚度饰面中密度纤维板（MDF）释放的 VVOC 进行分析时发现，18 mm 厚度规格饰面 MDF 释放的总极易挥发性有机化合物（TVVOC）浓度始终高于 8 mm 样品。醇类、酯类和酮类是饰面 MDF 释放的主要 VVOC，同时这些 VVOC 化合物也是板材的主要气味贡献者，饰面处理可以显著降低板材 VVOC 和气味的释放。Yang 等（2019）使用因子分析和聚类分析建立了每个排放源的多种气味物质的排放曲线，并通过因子分析和聚类分析对污染源进行定性分析。结果发现，这些气味物质在表面涂层或喷漆过程中均充当有机溶剂。Jiang 等（2017）研究了刨花板在不同温度下甲醛、VOC 及气味化合物的释放特性时发现，甲醛和 VOC 的释放速率随温度升高而增加，释放出来的 VOC 混合物具有更复杂的化学成分；除甲醛外，刨花板共鉴定出 44 种化合物。己醛和戊醛是最主要的气味特征化合物。Y. Liu 等（2020）采用 GC-MS 技术对刨花板和层压板释放的 VOC 进行了采集和分析，并利用气味活性阈值对关键气味进行了识别。结果发现，刨花板释放的总挥发性有机化合物（TVOC）含量高于层压板。卤素化合物、酯类和芳香烃是 VOC 释放的主要物质，这可能与板材制造过程中的添加剂有关；大多数醛类物质都有难闻的气味，释放出来的醛类化合物中以辛醛为主。J. Liu 和 G. Zheng（2020）对一个城市固体废物转运站的大气环境进行了为期一年的监测，分析了 VOC 在不同季节和不同工作时间的释放特性，评价了城市生活垃圾中转站释放出的 VOC 对人体的健康危害。结果表明，春季和夏季 VOC 的释放浓度最高，分别占 TVOC 的 70.6%和 26.6%。四氯乙烯和 1, 2-二氯乙烷是导致人体致癌的主要因素，非致癌因素在安全阈值范围内，但转运站 VOC 的控制管理仍需得到进一步加强。

目前国内在人造板挥发性有机化合物领域的研究主要集中在甲醛、VOC 及苯系物释放几个方面，在人造板 VVOC 方面的研究尚处于起步阶段。王慧玉等（2022）以聚氨酯漆（PU 漆）涂饰水曲柳木材为研究对象，利用 TD-GC-MS/O 技术分析了不同环境条件下板材 VOC 和 VVOC 及其气味释放的变化规律。结果发现，升高温度会促进漆饰水曲柳木材 VOC 和 VVOC 的释放浓度和气味强度；漆饰水曲柳木材有 6 种关键性气味特征化合物，它们的特征香型分别为芳香、果香、甜香、花香、留兰香和醋香。许旺等（2022）利用高效液相色谱-紫外分光光度计联用仪对饰面刨花板释放的醛酮化合物进行分析时发现，14 种醛酮类化合物均被检测出来，其中包括甲醛、乙醛、丙醛和丙烯醛等 VVOC 组分；板材厚度和饰面材料对醛酮类 VVOC 化合物的释放具有显著影响，丙烯醛是所有饰面刨花板醛酮类化合物释放浓度最高的组分，应该予以重点关注。王启繁等（2019）对三聚氰胺饰面刨花板释放的气味化合物进行了分析，确定了板材 VOC 和气味物质的释放特性，并对板材释放的 VOC 和气味进行主客观综合性评价。结果发现，芳香族化合物和酯类物质是主要的气味物质，且不同气味化合物的气味强度与其浓度大小并无直接相关性，但同一种气味化合物的浓度会在一定范围内影响其气味强度。李光荣等（2010）利用小气候箱法采集家具板材中释放的挥发性有机化合物，并使用气相色谱仪和液相色谱仪进行了定量分析，发现中密度纤维板素板甲醛释放量较高，薄木贴面中纤板 TVOC 释放量较高，油漆薄木贴面中纤板 TVOC 释放量与薄木贴面中纤板差异不大，甲醛释放量较少，苯系物相对较多。高翠玲等（2020）采用 GC-MS 技术对板式家具产品及其原辅料释放的 VOC 进行了同步筛查研究及溯源分析和风险评估。结果发现，板式家具 A 释放的 VOC 以芳香烃为主，主要单体组分为邻二甲苯、对二甲苯、乙苯、环己烷和异丁醇，其中邻二甲苯的含量最高，占比达到 42.45%；板式家具 B 释放的 VOC 以烷烃类和芳香烃类为主，主要单体组分为正庚烷、邻二甲苯、间（对）二甲苯、环己烷和异丁醇，其中正庚烷的含量最高，占比为 40.25%。由溯源分析可知，板式家具产品释放的 VOC 受面漆、底漆、稀释剂和固化剂的影响较大，其中稀释剂和底漆对 VOC 的释放贡献最大。健康风险评价发现两种板式家具中释放的乙苯、四氯乙烯和三氯甲烷均存在一定的致癌风险，且乙苯的致癌风险高出 EPA 标准 1~2 个数量级；间（对）二甲苯在两种板式家具中均存在非致癌风险。李赵京等（2018）在分析三聚氰胺饰面处理对中纤板气味释放的影响时发现，三聚氰胺浸渍纸对板材气味化合物的浓度含量和气味强度均有显著的抑制效果。董华君等（2019）探究 PVC 饰面中密度纤维板气味活性物质的释放特性时发现，某些 VOC 物质不产生气味，在气味特征化合物总质量浓度无显著差异的前提下，总气味强度由关键气味化合物的气味强度决定。林秋兰等（2019）分析了添加甲壳素前后的浸渍胶膜纸饰面刨花板挥发性有机化合物的释放特性。结果发现，甲壳素可以显著降低甲醛的释放，但对板材的气味影响不是十分显著。王启繁等（2019）研究不同油漆涂饰酸枣木 [*Choerospondias axillaris*（Roxb）Burtt et Hill]VVOC 释放特性时发现，酯类和醇类是主要的释放物质。乙酸乙酯具有果香气味，主要来自紫外光固化涂料的溶剂。

国内在挥发性气味方面已经有较多研究成果，但在木材气味领域的研究尚不广泛。梁宏毅等（2020）以泡棉作为研究对象，通过袋子法收集泡棉样品中挥发性组分，利用 TD-GC-MS 和 HPLC 进行分析，然后通过气味活性值法鉴定关键气味化合物。结果发现，样品中的主要挥发性组分为醛酮类、胺类、醇醚类、酯类和芳香烃等物质，样品 A 中关键气味物质为强刺激性气味的丙烯酸丁酯及刺激性的乙醛与丙烯醛；样品 B 中呈现强刺激性气味的物质为丙烯酸丁酯、胺味/泡棉味的三乙烯二胺、乙醛。迟雪露等（2018）利用人工感官分析法和电子鼻分别评价脱脂纯牛奶的风味属性，并采用主成分分析和聚类分析结合偏最小二乘回归法对电子鼻的传感器性能和人工感官属性进行了相关性分析。胡小琴等（2021）通过超高效液相色谱和顶空固相微萃取-气相色谱-质谱联用仪分析果酒加工中的 6 种酵母理化性能指标和挥发性香气物质，采用气味活性值及主成分分析进行了综合评价。结果发现，异戊醇、辛酸乙酯、乙酸苯乙酯、癸酸乙酯等是果酒中的主要香气物质；通过主成分分析提取出 5 个主成分，累计方差贡献率为 93.99%，能较好体现果酒的综合品质。鹿英爽等（2020）以三聚氰胺饰面刨花板与中密度纤维板及其素板为研究对象，使用 GC-MS-O 技术分析气味化合物的种类及强度，并通过模糊综合评判法对板材的气味做出评价。结果发现，三聚氰胺饰面刨花板与中纤板气味评价等级为二级，质量良好；刨花板素板与中纤板素板气味评价等级为三级，质量合格。模糊综合评判法在板材气味评价中考虑了多个气味化合物对板材的综合影响及各气味化合物的毒性，是一种较好的评价板材质量的方法。张思琪等（2022）使用 GC-MS-O 技术分析了长白落叶松木材释放的 VOC 组分及其气味特征。结果发现，长白落叶松共释放出 44 种挥发性有机化合物，其中包括 31 种气味化合物，鉴定出 5 种关键气味化合物，分别是 2,3-丁二酮、α-水芹烯、己醛、1R-α-蒎烯和 2-乙基-1-己醇。耿奥博等（2018）使用法国 Alpha M.O.S.公司生产的快速气相电子鼻对 4 种不同的人造板进行了主要成分分析、软独立模型分析及统计质量控制分析，该测试取得了较为理想的结果。这也说明了电子鼻技术可以应用在人造板领域，对人造板的气味成分具有明显的区分辨别能力。鲍鑫等（2019）利用热重-质谱联用仪（TG-MS）研究了不同改性剂对汉麻增强聚丙烯（HF/PP）复合材料 VOC 释放量及气味的影响。结果发现，三种试剂改性后的 HF/PP 复合材料的 VOC 释放量均明显降低，其中三聚氰胺改性 HF/PP 复合材料的 VOC 释放量最低，气味评价降低了一个等级，为二级，有气味但无刺激性气味。李人哲等（2020）采用常规的袋式法对不同平衡时间的聚氨酯发泡胶样品进行了检测，获得聚氨酯发泡胶成型样品的气味释放特性，通过嗅阈值和稀释倍数对样品气味进行了相关评价。周慧敏等（2020）采用吹扫捕集-热脱附-气相色谱-嗅闻-质谱联用技术，结合气味活性值、感官评价、聚类分析和主成分分析，研究了黑白胡椒腊肠储藏期的气味物质的演变规律，解析了异味特征化合物，并建立了风味劣变和货架期预测的有效评价手段。

　　综合以上国内外研究现状可以看出，国内外在人造板 VOC 领域的研究主要侧重在 VOC 释放量、气味检测和健康风险评价三方面，而对于人造板 VVOC 的研究国内外正处于起步和发展阶段。本书针对饰面人造板进行 VVOC 及气味方面的研究，可进一步拓宽人造板 VOC 的研究范围，深入对低分子量有毒气味特征化合物的认知，同时也可帮助人们更加清晰全面地掌握饰面板材释放的 VOC 成分，科学地评价其危害，以降低其对室内空气质量的影响。同时本书中的研究内容对于人造板行业的稳定向前发展及提高室内人居生活质量均具有重要意义和实际价值。

参 考 文 献

鲍鑫，王春红，任子龙，等. 2019. 改性处理对汉麻增强聚丙烯复合材料性能及挥发性有机化合物释放的影响. 塑料工业，47（12）：83-87，96.

迟雪露，宋铮，Muratzhan K，等. 2018. 脱脂纯牛奶感官评价与电子鼻分析相关性研究. 精细化工，35（6）：998-1003.

高翠玲，赵继峰，刘萌萌，等. 2020. 板材家具 VOCs 溯源分析及健康风险评价. 生态环境学报，29（2）：319-327.

耿奥博，王毓彤，黄河浪，等. 2018. 基于快速气相电子鼻对人造板气味的分析. 林产工业，45（6）：26-31.

侯宏卫，熊巍，姜兴益，等. 2011. 气相色谱-质谱联用法测定卷烟主流烟气气相物中挥发性有机化合物. 中国烟草科学，32（5）：81-86.

胡小琴，刘伟，许弯，等. 2021. 不同酵母对脐橙果酒品质的影响. 食品工业科技，42（5）：1-10，25.

李光荣, 郝聪杰, 龙玲.2010. 小气候箱法测定家具板材有机挥发物释放. 木材加工机械, 21（3）: 24-28.

李慧芳, 沈隽.2019. 油漆涂饰刨花板苯系物分析及健康风险评价. 中南林业科技大学学报, 39（8）: 139-146.

李人哲, 钟源, 窦阿波.2020. 轨道车辆用单组分聚氨酯发泡胶 VOC 散发及气味研究. 聚氨酯工业, 35（3）: 47-50.

李润岩, 范斌, 蔡立鹏, 等.2014. 顶空-气相色谱-质谱法测定化妆品中 14 种挥发性有机化合物的残留量. 理化检验（化学分册）, 50（7）: 852-856.

李赵京, 沈隽, 蒋利群, 等.2018. 三聚氰胺浸渍纸贴面中纤板气味释放分析. 北京林业大学学报, 40（12）: 117-123.

梁宏毅, 李运贤, 董建鹏, 等.2020. 基于 OAV 方法的车内泡棉材质关键气味物质研究. 汽车零部件, 146（8）: 11-14.

林秋兰, 黄国焚, 张挺, 等.2019. 添加甲壳素净味剂的浸渍胶膜纸及其制品的净味效果评价. 中国人造板, 26（3）: 28-31.

刘铭, 沈隽, 王伟东, 等.2021. 饰面刨花板 VVOC 及气味释放分析. 北京林业大学学报, 43（8）: 117-126.

鹿英爽, 沈隽, 王启繁.2020. 模糊综合评判在板材气味评价中的应用. 中南林业科技大学学报, 40（3）: 145-152.

南洋, 杜悦, 李长兴.2018. 气相色谱-质谱法测定食品包装材料中的 VOCs. 包装工程, 39（1）: 58-63.

沈隽, 王启繁, 沈熙为.2022. 木材挥发性有机化合物及气味特性研究. 北京: 科学出版社.

王慧玉, 沈隽, 王启繁, 等.2022. 环境条件对漆饰水曲柳木材挥发性、极易挥发性有机化合物及其气味释放的影响. 东北林业大学学报, 50（4）: 104-110.

王启繁, 沈隽, 蒋利群, 等.2019. 三聚氰胺贴面刨花板对环境影响的综合评价. 中南林业科技大学学报, 39（3）: 99-106.

许旺, 沈隽, 王伟东, 等.2022. 不同饰面刨花板醛酮类化合物释放特征分析. 中南林业科技大学学报, 42（3）: 152-161.

杨锐, 徐伟, 梁星宇, 等.2018. 实木床头柜 VOC 及异味气体释放组分分析. 家具, 39（2）: 24-27.

曾彬, 沈隽, 王启繁, 等.2021. 不同含水率阴香木气味释放分析. 林业科学, 57（4）: 133-141.

张思琪, 沈隽, 王伟东, 等.2022. 长白落叶松木材的挥发性有机化合物及其气味. 东北林业大学学报, 50（12）: 93-98.

周慧敏, 赵冰, 吴倩蓉, 等.2020. 黑白胡椒腊肠肠贮藏期中气味活性物质演变及异味分析. 食品科学, 41（24）: 162-171.

Aatamila M, Verkasalo P K, Korhonen, M J, et al. 2011. Odour annoyance and physical symptoms among residents living near waste treatment centres. Environmental Research, 111: 164-170.

Akif Ari A, Pelin Erturk Ari P E, Yenisoy-Karaka S, et al. 2020. Source characterization and risk assessment of occupational exposure to volatile organic compounds（VOCs）in a barbecue restaurant. Building and Environment, 174: 106791.

Bartsch J, Uhde E, Salthammer T. 2016. Analysis of odour compounds from scented consumer products using gas chromatography-mass spectrometry and gas chromatography-olfactometry. Analytica Chimica Acta, 904: 98-106.

Bauer P, Buettner A. 2018. Characterization of odorous and potentially harmful substances in Artists' Acrylic paint. Frontiers in Public Health, 6: 350.

Bleicher J, Ebner E E, Bak K H. 2022. Formation and analysis of volatile and odor compounds in meat—a review. Molecules, 27（19）: 6703.

Brown V M, Crump D R. 2013. An investigation into the performance of a multi-sorbent sampling tube for the measurement of VVOC and VOC emissions from products used indoors. Analytical Methods, 5（11）: 2746-2756.

BS EN 16516: 2017. Construction products-Assessment of release of dangerous substances-determination of emissions into indoor air.

BS ISO 16000-6: 2020. Indoor Air Part—6: Determination of organic compounds （VVOC, VOC, SVOC）in indoor and test chamber air by active sampling on sorbent tubes, thermal desorption and gas chromatography using MS or MS FID.

Campagnolo D, Saraga D E, Cattaneo A, et al. 2017. VOCs and aldehydes source identification in european office buildings—the officair study. Building and Environment, 115: 18-24.

Cullere L, de Simon B F, Cadahia E, et al. 2013. Characterization by gas chromatography-olfactometry of the most odor-active compounds in extracts prepared from acacia, chestnut, cherry, ash and oak woods. LWT-Food Science and Technology, 53 (1): 240-248.

Diaz-Maroto M C, Guchu E, Castro-Vazquez L, et al. 2008. Aroma-active compounds of American, French, Hungarian and Russian oak woods, studied by GC-MS and GC-O. Flavour and Fragrance Journal, 23 (2): 93-98.

Dong H J, Jiang L Q, Shen J, et al. 2019. Identification and analysis of odor-active substances from PVC-overlaid MDF. Environmental Science and Pollution Research, 26 (20): 20769-20779.

Ebrahimi A, Fatemi S. 2017. Titania-reduced graphene oxide nanocomposite as a promising visible light-active photocatalyst for continuous degradation of VVOC in air purification process. Clean Technologies and Environmental Policy, 19 (8): 2089-2098.

EUR 17695. European Collaborative Action Indoor Air Quality and its Impact on Man (formerly Cost Project 613) - Environment and Quality of Life. ECA 19: Total volatile organic compounds (TVOC) in indoor air quality investigations.

Even M, Juritsch E, Richter M. 2023. Selection of gas standards, gas chromatography column and adsorbents for the measurement of very volatile organic compounds (C_1–C_6) in indoor air. Analytica Chimica Acta, 1238: 340561.

Geiss O, Giannopoulos G, Tirendi S, et al. 2011. The airmex study–VOC measurements in public buildings and schools/kindergartens in eleven European cities: satistical analysis of the data. Atmospheric Environment, 45 (22): 3676-3684.

Ghadiriasli R, Wagenstaller M, Buettner A. 2018. Identification of odorous compounds in oak wood using odor extract dilution analysis and two-dimensional gas chromatography-mass spectrometry/olfactometry. Analytical and Bioanalytical Chemistry, 410 (25): 6595-6607.

Gu J, Wensing M, Uhde E, et al. 2019. Characterization of particulate and gaseous pollutants emitted during operation of a desktop 3D printer. Environment International, 123: 476-485.

Guo M, Yu W, Zhang S, et al. 2020. A numerical model predicting indoor volatile organic compound Volatile Organic Compounds emissions from multiple building materials. Environmental Science and Pollution Research, 27 (1): 587-596.

He J, Zou Z, Yang X. 2019. Measuring whole-body volatile organic compound emission by humans: a pilot study using an air-tight environmental chamber. Building and Environment, 153: 101-109.

Hino T, Nakanishi S, Maeda T, et al. 1998. Determination of very volatile organic compounds in environmental water by injection of a large amount of headspace gas into a gas chromatograph. Journal of Chromatography A, 810 (1): 141-147.

Hippelein M. 2006. Analysing selected VVOCs in indoor air with solid phase microextraction (SPME): a case study. Chemosphere, 65 (2): 271-277.

ISO 16000-6: 2011. Indoor Air. Part 6: Determination of volatile organic compounds in indoor and test chamber air by active sampling on Tenax TA sorbent, thermal desorption and gas chromatography using MS/FID. Beuth Verlag: Copyright International Organization, 2012.

Jiang C, Li D, Zhang P, et al. 2017. Formaldehyde and volatile organic compound (VOC) emissions from particleboard:

Identification of odorous compounds and effects of heat treatment. Building and Environment，117：118-126.

Khoshakhlagh A H，Morais S. 2022. Volatile organic compounds in carpet manufacturing plants：exposure levels and probabilistic risk assessment using Monte-Carlo simulations. Human and Ecological Risk Assessment：An International Journal，28（9）：972-982.

Klepeis N E，Nelson W C，Ott W R，et al. 2001. The national human activity pattern survey（NHAPS）：a resource for assessing exposure to environmental pollutants. Journal of Exposure Science & Environmental Epidemiology，11（3）：231-252.

Liu J，Zheng G. 2020. Emission of volatile organic compounds from a small-scale municipal solid waste transfer station：Ozone-formation potential and health risk assessment. Waste Management，106：193-202.

Liu Y，Zhu X，Qin X，et al. 2020. Identification and characterization of odorous volatile organic compounds emitted from wood-based panels. Environmental Monitoring and Assessment，192（6）：348.

Salthammer T. 2016. Very volatile organic compounds：an understudied class of indoor air pollutants. Indoor Air，26（1）：25-38.

Schieweck A. 2021. Very volatile organic compounds（VVOC）as emissions from wooden materials and in indoor air of new prefabricated wooden houses. Building and Environment，190：107537.

Schieweck A，Gunschera J，Varol D，et al. 2018. Analytical procedure for the determination of very volatile organic compounds（C$_3$–C$_6$）in indoor air. Analytical and Bioanalytical Chemistry，410：3171-3183.

Schreiner L，Loos H M，Buettner A. 2017. Identification of odorants in wood of *Calocedrus decurrens*（Torr.）Florin by aroma extract dilution analysis and two-dimensional gas chromatography–mass spectrometry/olfactometry. Analytical and Bioanalytical Chemistry，409（15）：3719-3729.

Simon V，Uitterhaegen E，Robillard A，et al. 2020. VOC and carbonyl compound emissions of a fiberboard resulting from a coriander biorefinery：comparison with two commercial wood-based building materials. Environmental Science and Pollution Research，27（14）：16121-16133.

Tatsu S，Matsuo Y，Nakahara K，et al. 2020. Key Odorants in japanese roasted barley tea（Mugi-Cha）—differences between roasted barley tea prepared from naked barley and roasted barley tea prepared from hulled barley. Journal of Agricultural and Food Chemistry，68（9）：2728-2737.

Tong R，Zhang L，Yang X，et al. 2019. Emission characteristics and probabilistic health risk of volatile organic compounds from solvents in wooden furniture manufacturing. Journal of Cleaner Production，208：1096-1108.

Uchiyama S，Matsushima E，Aoyagi S，et al. 2004. Simultaneous determination of C$_1$–C$_4$ carboxylic acids and aldehydes using 2, 4-dinitrophenylhydrazine-impregnated silica gel and high-performance liquid chromatography. Analytical Chemistry，76（19）：5849-5854.

Ueta I，Mitsumori T，Suzuki Y，et al. 2015. Determination of very volatile organic compounds in water samples by purge and trap analysis with a needle-type extraction device. Journal of Chromatography A，1397：27-31.

Wang B，Zhao Y，Lan Z，et al. 2016. Sampling methods of emerging organic contaminants in indoor air. Trends in Environmental Analytical Chemistry，12：13-22.

Wang Q，Du J，Shen J，et al. 2022. Comprehensive evaluation model for health grade of multi-component compound release materials based on fuzzy comprehensive evaluation with grey relational analysis. Scientific Reports，12（1）：19807.

Wang Q，Shen J，Shao Y，et al. 2019. Volatile organic compounds and odor emissions from veneered particleboards coated with water-based lacquer detected by gas chromatography-mass spectrometry/olfactometry. European Journal of Wood and Wood Products，77（5）：771-781.

Wang Q, Shen J, Zeng B, et al. 2020. Identification and analysis of odor-active compounds from *Choerospondias axillaris* (Roxb.) Burtt et Hill with different moisture content levels and lacquer treatments. Scientific Reports, 10(1): 14856.

Wang W, Shen J, Liu M, et al. 2022. Comparative analysis of very volatile organic compounds and odors released from decorative medium density fiberboard using gas chromatography-mass spectrometry and olfactory detection. Chemosphere, 309 (P1): 136484.

Wang W, Shen X, Zhang S, et al. 2022. Research on very volatile organic compounds and odors from veneered medium density fiberboard coated with water-based lacquers. Molecules, 27 (11): 3626.

Wiegner K, Hahn O, Horn W, et al. 2012. Determination of formic and acetic acid emissions in indoor air or from building products. Gefahrstoffe Reinhaltung Der Luft, 72 (3): 84-88.

Wilke O, Jann O. 2016. Emissions of very volatile organic compounds (VVOC) from particle boards. Indoor Air, the 14th International Conference of Indoor Air Quality and Climate.

Wolkoff P, Nielsen G D. 2001. Organic compounds in indoor air—their relevance for perceived indoor air quality? Atmospheric Environment, 35 (26): 4407-4417.

Wu F, Jacobs D, Mitchell C, et al. 2007. Improving indoor environmental quality for public health: impediments and policy recommendations. Environmental Health Perspectives, 115 (6): 953-957.

Yan M, Zhai Y, Shi P, et al. 2019. Emission of volatile organic compounds from new furniture products and its impact on human health. Human and Ecological Risk Assessment: An International Journal, 25 (7): 1886-1906.

Yang J C, Chang P E, Ho C C, et al. 2019. Application of factor and cluster analyses to determine source-receptor relationships of industrial volatile organic odor species in a dual-optical sensing system. Atmospheric Measurement Techniques, 12 (10): 5347-5362.

Zhang Y, Xu N, Bai Y, et al. 2022. Comparison of multidimensional mass transfer models of formaldehyde emissions originating from different surfaces of wood-based panels. Science of the Total Environment, 848: 157367.

Zhou X, Yan Z, Zhou X, et al. 2022. An assessment of volatile organic compounds pollutant emissions from wood materials: a review. Chemosphere, 308 (P3): 136460.

第 2 章 不同饰面人造板 VVOC 释放基本情况

人造板因价格低、性能优异而被广泛用于家具制造、地板及其他装饰材料。人造板表面进行涂饰，不仅可以改变板材的外观，使其有美感、有质感，还能对板材起到保护作用，使其不易开裂和变形。但人造板因在自身成型及后续装饰处理过程中使用胶黏剂、饰面材料[三聚氰胺浸渍胶膜纸、聚氯乙烯（polyvinyl chloride，PVC）饰面纸]和油漆涂料等，长期使用会向室内环境中释放挥发性有机污染物，恶化室内空气质量，进而影响人们的精神状态和身体健康。

VVOC 作为一种低碳数、低沸点的极易挥发性有机化合物，它的释放必然会对人们的生活产生不良影响。因此，应该准确鉴定人造板释放的 VVOC 组分，科学地评判人造板释放的主要极易挥发性物质的危害。

本章将从降低饰面人造板 VVOC 释放的角度出发，利用 15 L 小型环境舱和多填料吸附管进行气体样品采样，然后采用气相色谱-质谱（GC-MS）联用技术对不同饰面人造板（中密度纤维板素板、三聚氰胺浸渍纸饰面中密度纤维板、PVC 饰面中密度纤维板、刨花板素板、三聚氰胺浸渍纸饰面刨花板、PVC 饰面刨花板）和不同油漆涂饰人造板（聚氨酯漆涂饰中密度纤维板、水性漆涂饰中密度纤维板、硝基漆涂饰中密度纤维板）释放的 VVOC 组分进行鉴定分析，得到各板材 VVOC 释放的特征性信息（成分和质量浓度）。

本章还将进一步阐述人造板 VVOC 释放的可能来源，同时对板材释放的 VVOC 毒性物质进行分析评价，全面系统地掌握不同饰面人造板 VVOC 释放的基本情况。

2.1 试验材料与研究方法

2.1.1 试验材料与采样方法

1. 试验材料

8/18 mm 厚度规格的试验板材（中密度纤维板素板、三聚氰胺浸渍纸饰面中密度纤维板和 PVC 饰面中密度纤维板）采购于广州某知名家具厂，其甲醛释放量等级均为 E1 级。原始板材尺寸为 1200 mm×1200 mm×8（18）mm，桉树是 MDF

生产制作的主要原材料。MDF 密度和含水率分别为 $0.7 \sim 0.8$ g/cm^3 和 $8\% \sim 12\%$。中密度纤维板基材和饰面材料的热压温度分别为 $180 \sim 230$℃ 和 $180 \sim 215$℃。中密度纤维板素板及其饰面板所用基材均为同一批次生产。基材和饰面材料所用的胶黏剂为脲醛树脂胶黏剂和改性脲醛树脂胶黏剂。原始板材经锯切后得到尺寸规格为 150 mm×75 mm×8（18）mm 的试验材料。

8/18 mm 厚度规格的试验板材（刨花板素板、三聚氰胺浸渍纸饰面刨花板和 PVC 饰面刨花板）采购于广州某知名企业，其甲醛释放量等级均为 E1 级。原始板材尺寸为 2400 mm×1200 mm×8（18）mm，含水率为 $5.0\% \sim 6.5\%$。刨花板素板使用的胶黏剂为脲醛树脂胶黏剂和少量 MDI 胶黏剂，热压温度为 $180 \sim 220$℃，热压时间为 4.5 s/mm。饰面刨花板采用改性脲醛树脂胶黏剂进行贴面处理。三聚氰胺浸渍纸饰面刨花板和 PVC 饰面刨花板的施胶量分别为 $80 \sim 150$ g/m^2 和 $120 \sim 170$ g/m^2，热压温度为 $180 \sim 215$℃，热压时间为 $16 \sim 35$ s/mm。刨花板素板和不同饰面刨花板所用基材均为同一批次生产。原始板材经锯切后得到尺寸为 150 mm×75 mm×8（18）mm 的试验材料。

将幅面尺寸为 1200 mm×1200 mm×8（18）mm 的中密度纤维板素板裁切成 400 mm×400 mm×8（18）mm，然后使用 0.25 mm 厚的水曲柳薄木对其进行贴面处理。在水曲柳薄木贴面之前，需要使用 300 目砂纸打磨基材表面（中密度纤维板素板作为薄木贴面的基材），打磨完成后用毛刷除去表面浮尘。水曲柳薄木贴面采用的胶黏剂为脲醛树脂胶黏剂和乳白胶（PVAc）混合胶，二者质量比为 6∶4，涂胶量为单面 150 g/m^2，涂胶过程要保证胶黏剂的均匀性。水曲柳薄木贴面时采用的热压温度为 100℃，热压压力为 1 MPa，热压时间为 3 min。将水曲柳薄木贴面后的板材进行裁切处理，得到尺寸规格为 150 mm×75 mm×8（18）mm 的试验样品。分别采用聚氨酯（polyurethane，PU）漆、水性（water-based，WB）漆和硝基（nitrocellulose，NC）漆对上述试验样品进行涂饰处理，两道油漆涂饰之间需要使用平板砂光机和 300 目砂纸对涂饰样品表面进行砂光处理，但不能破坏涂饰样品表面。不同油漆涂饰的具体工艺参数如下：

（1）PU 木器漆：紫荆花牌，紫荆花制漆（上海）有限公司生产，透明底漆/半哑清面漆，主漆（底漆和面漆）∶固化剂∶稀释剂＝2∶1∶1，分别涂饰两道底漆（150 g/m^2）和两道面漆（150 g/m^2），每道油漆涂饰需间隔 12 h 以上。

（2）WB 漆：鑫乐天牌，透明底漆/暮色灰面漆，主漆（底漆和面漆）∶稀释剂（蒸馏水/去离子水）＝10∶1，分别涂饰两道底漆（150 g/m^2）和两道面漆（150 g/m^2），每道油漆涂饰需间隔 12 h 以上。

（3）NC 漆：紫荆花牌，紫荆花制漆（上海）有限公司生产，透明底漆/白色亮光面漆，主漆（底漆和面漆）∶专用稀释剂＝2∶1，分别涂饰两道底漆（150 g/m^2）和两道面漆（150 g/m^2），每道油漆涂饰需间隔 12 h 以上。

沿厚度方向使用铝制胶带对上述所有试验材料进行封边处理，防止板材边部挥发性化合物的高释放。因试验材料边部被铝制胶带密封处理，所以只有板材的上下两面会释放挥发性气体，因此每一个试验材料的总暴露面积为 0.0225 m²。封边处理后的板材使用聚四氟乙烯袋真空密封处理，贴好标签，然后置于−30℃的冰箱中存储备用。

2. 采样方法

利用 15 L 小型环境舱搭配多填料吸附管对上述试验材料释放的极易挥发性有机化合物进行气体采集。为了避免试验材料与环境舱系统之间发生交叉污染，15 L 小型环境舱系统主要由硅胶软管和一些玻璃器皿组成，具有造价低和易操作控制的优势，为东北林业大学自主研发设计且已引证与 1 m³ 气候箱具有良好的相关性。高纯度氮气（纯度≥99.999%，哈尔滨黎明气体有限公司）作为载气，以实现环境舱与外部环境之间的气体交换。一个自动温湿度传感器安装在 15 L 小型环境舱的进气口处，持续监测舱体内的温度和相对湿度（RH），以确保测量条件的高度准确。温湿度传感器的精准度分别为 0.1℃和 0.1%。15 L 小型环境舱系统装置如图 2-1 所示，舱内各个试验材料的测量条件为：温度 23℃±3℃、相对湿度 50%±5%，空气交换率 1 次/h。

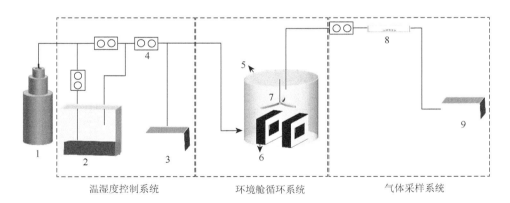

图 2-1　15 L 小型环境舱系统装置图

1. 高纯氮气；2. 水瓶；3. 温湿度传感器；4. 玻璃转子流量计；5. 15 L 小型环境舱；6. 样品架；
7. 铝制风扇；8. 多填料吸附管；9. 微型气体采样泵

气体采样使用的吸附管由英国 Markes 国际公司生产制造，内含 Carbopack C、Carbopack B 和 Carboxen 1000 三种填料，尺寸规格为 89 mm（长度）×6.4 mm（外径）。多填料吸附管首次使用时必须经过活化处理，活化的具体条件为 100℃

加热 1 h，200℃加热 1 h，300℃加热 1 h，380℃加热 4 h，高纯氮气流速 50～100 mL/min。在以后每次气体采样前需要严格按照下列方式进行吸附管老化处理：高纯氮气（纯度≥99.999%，哈尔滨黎明气体有限责任公司）流速为 50～100 mL/min（通常为 70 mL/min）的条件下 100℃加热 15 min，然后 200℃和 300℃各加热 15 min，最后在 380℃条件下再加热 15 min。待多填料吸附管净化处理程序结束后，继续通入高纯氮气，然后将吸附管置于隔板上晾晒，待其温度恢复至室温后，取下吸附管并迅速将其两端盖好配套的铜帽。吸附管老化处理时使用的设备为北京北分天普仪器技术有限公司生产的 TP-2040 型热解析处理器，该仪器具有升温快、易控制和操作简单的优势，净化处理的目的是去除吸附管内的杂质和残留气体，保证吸附管内部环境纯净整洁，确保采样数据高度准确。

在开始测量试验材料之前，需要使用去离子水擦洗 15 L 小型环境舱内壁 2～3 次，以去除内壁上残留的污染物，并保证最低的舱内背景浓度。真空密封袋内的试验材料至少需要解冻 30 min，然后将其快速放入小型环境舱内的样品架上，盖好环境舱盖子，随后通入高纯氮气并打开环境舱顶部的铝制风扇进行平衡释放 3.5 h。待测试材料释放稳定后，将吸附管连接在环境舱和微型气体采样泵之间进行气体采样，采样时间设置为 12 min，采集速率为 250 mL/min，单个试验材料的采样体积为 3 L。采样结束后迅速使用铜帽将吸附管两端紧紧密封，防止吸附管内的气体扩散挥发，然后使用样品袋将其包裹，留存待进行下一步分析。测量结束后，及时关闭环境舱系统的所有电源和高纯氮气阀门，取出环境舱内部的测试材料。具体试验参数如表 2-1 所示。

表 2-1　试验参数

试验参量	参数数值	试验参量	参数数值
温度/℃	23±3	材料总暴露面积/m²	0.0225
相对湿度/%	50±5	装载率/(m²/m³)	1.5
空气交换率/（次/h）	1		

2.1.2　VVOC 分析方法

1. 试验设备

气体样品采集完成后，需要使用热脱附全自动进样器搭配热脱附仪和气相色谱-质谱（GC-MS）联用仪对气体样品进行成分检测分析。相关设备及其参数如下：

1）热脱附全自动进样器（Markes 国际公司，英国）

Ultra 型 100 位热脱附全自动进样器，具有操作方便、易控制的显著特点，与 Unity2 型热脱附仪联用可实现气体样品的自动进样。热脱附全自动进样器和热脱附仪均由热脱附主机软件 TD 直接操控，每一根吸附管可以单独设置各自的脱附程序。程序中的所有序列方法都能被存储，而且可以在 TD 软件中看到每一根吸附管的脱附状态。分析程序中的每一个序列方法和程序文件都可以被完整保存在序列报告中。

2）热脱附仪（Markes 国际公司，英国）

Unity2 型热脱附仪可实现吸附管中气体样品的脱附，与 GC-MS 联用。热脱附仪分析条件及相关参数设置如下：

（1）热脱附温度：280℃；

（2）热脱附时间：热解析 10 min，预吹扫 1 min，进样 1 min；

（3）载气及其流速：高纯氮气（N_2）作为载气，氮气流速 30 mL/min；

（4）冷阱捕集温度：-10℃；

（5）冷阱解析温度：300℃；

（6）传输线温度：220℃。

3）DSQ Ⅱ气相色谱-质谱联用仪（Thermo Fisher Scientific 公司，美国）

DSQ Ⅱ气相色谱-质谱联用仪具有分析速度快、分辨率高、灵敏度高、可靠性强和耐用性强的特性，能够准确分析气体样品的成分信息和浓度。该仪器的分析条件和参数设置如下所示：

（1）DB-5 型石英融熔毛细管色谱柱：美国 Agilent Technologies 国际公司生产，规格为 30000 mm（长度）×0.25 mm（内径）×0.25 μm（膜厚）；

（2）色谱进样口温度：250℃；

（3）载气及其流速：氦气（He）作为载气，流速 1 mL/min，不分流进样；

（4）程序升温方法：40℃保持 2 min，再以 2℃/min 升温至 50℃，保持 4 min，然后以 5℃/min 升温至 150℃，保持 4 min，最后再以 10℃/min 升温至 250℃，保持 8 min；

（5）程序总运行时间：53 min；

（6）质量扫描范围及方式：40～450 amu，扫描方式为全扫描；

（7）电离能量：70 eV；

（8）离子源温度：230℃；

（9）传输线温度：270℃；

（10）色谱与质谱接口温度：280℃；

2. VVOC 的定量方法

VVOC 的定量方法参照《人造板及其制品中挥发性有机化合物释放量试验方法　小型释放舱法》（GB/T 29899—2013）进行。具体操作步骤如下：色谱级甲醇作为溶剂，先配制标准样品（苯、甲苯、乙苯、苯乙烯、邻二甲苯、间二甲苯、正十四烷、正己烷、正十六烷、萘及其他目标单体化合物）的溶液储备液，使用减量法称取 0.2 g 上述标准样品（精确至 0.2 mg）于 100 mL 棕色容量瓶中，用甲醇稀释至刻度。上述制备的标准溶液储备液应于 0～4℃冷藏密封保存，尽快使用，有效期为 4 周。称取适量上述标准溶液储备液于 100 mL 棕色容量瓶中，以甲醇稀释至刻度，使标准工作溶液的浓度分别为 10 μg/mL、50 μg/mL、200 μg/mL、500 μg/mL 和 1000 μg/mL，分装于 2 mL 具塞样品瓶中待用。该标准工作溶液应于 0～4℃冷藏密封保存，尽快使用，有效期为 2 周。

设置好热脱附仪和色谱仪的工作参数和分析条件，依次放入标准样品吸附管、空白浓度吸附管和测试样品吸附管。对色谱峰逐一进行识别。数据处理工作在 Xcalibur 软件上进行。筛选匹配度为 750～1000 的化合物，并根据美国国家标准与技术研究院（NIST）和 Wiley 质谱数据库鉴定识别。单个试验样品需要进行三次重复性试验，结果取三次试验的平均值。

根据标准样品吸附管中化合物单体的质量及峰面积，通过最小二乘法得到如式（2-1）所示的线性校准方程（规定线性相关系数 R^2 应该大于 0.995）。

$$A_i = K_i \times m_i + b_i \tag{2-1}$$

式中：A_i 为标准样品吸附管中单体化合物 i 的色谱峰面积；K_i 为化合物单体 i 线性校准方程的斜率；m_i 为标准样品吸附管中单体化合物 i 的质量（μg）；b_i 为单体化合物线性校准方程在 Y 轴上的截距，应保证尽可能小。

吸附管中苯、甲苯、苯乙烯以及其他目标单体化合物的解析量如式（2-2）所示。

$$M_{i,t} = (A_{i,t} - b_i) / K_i \tag{2-2}$$

式中：$M_{i,t}$ 为时间 t 时，吸附管中目标单体化合物 i 的质量（μg）；$A_{i,t}$ 为时间 t 时，吸附管中目标单体化合物 i 的色谱峰面积；b_i 为单体化合物线性校准方程在 Y 轴上的截距；K_i 为化合物单体 i 线性校准方程的斜率。

上述目标单体化合物 VVOC 释放浓度根据式（2-3）计算。

$$C_{i,t} = (M_{i,t} - M'_{i,t}) / V_t \tag{2-3}$$

式中：$C_{i,t}$ 为时间 t 时，吸附管中目标单体化合物 i 的质量浓度（μg/m³）；$M_{i,t}$ 为时间 t 时，吸附管中目标单体化合物 i 的质量（μg）；$M'_{i,t}$ 为时间 t 时，采用空白浓度吸附管中目标单体化合物 i 的质量（μg）；V_t 为时间 t 时的采样体积（m³）。

　　除目标化合物之外的其他 VVOC 单体的释放浓度参照甲苯的线性校准方程计算。

　　根据"欧洲室内空气质量及其对人的影响合作行动第 19 号报告",室内空气中挥发性有机化合物(VOC)的总释放量通常被称为总挥发性有机化合物(total volatile organic compound,TVOC)。参照这种表达方式,极易挥发性有机化合物(VVOC)的总释放量可以表示为总极易挥发性有机化合物(total very volatile organic compound,TVVOC)。换言之,TVVOC 是所有已识别到的 VVOC 组分的释放浓度之和,污染物应排除在外。

2.2　饰面中密度纤维板 VVOC 释放特性分析

2.2.1　8/18 mm 中密度纤维板素板 VVOC 释放特性分析

　　根据世界卫生组织外来化合物急性毒性分级标准,将化合物的毒性分为 6 个等级,分别为剧毒、高毒、中毒、低毒、微毒和无毒,具体信息见表 2-2。

表 2-2　世界卫生组织外来化合物急性毒性分级

毒性分级	大鼠经口 LD_{50}/(mg/kg)	大鼠吸入 4 h 死亡 1/3~2/3 浓度/ppm	兔经皮 LD_{50}/(mg/kg)
剧毒	≤1	≤10	≤5
高毒	1~50	10~100	5~43
中毒	51~500	101~1000	44~350
低毒	501~5000	1001~10000	351~2180
微毒	5001~15000	10001~100000	2181~22590
无毒	>15000	>100000	>22600

　　利用 GC-MS 测量技术对 8/18 mm 中密度纤维板素板释放的 VVOC 进行鉴定分析,得到 VVOC 释放的基本组分信息,具体见表 2-3。图 2-2 为 8/18 mm 中密度纤维板素板 VVOC 释放浓度。可以发现,8 mm 中密度纤维板素板释放了 8 种 VVOC 组分,将其分为醇类(乙醇、1-丁醇)、酮类[丙酮、3-甲基-2(5H)-呋喃酮]、酯类(乙酸乙酯)、醚类(四氢呋喃)、烷烃类(二氯甲烷)和其他类(1,4-二噁烷)。醇类、酮类和酯类是 8 mm 厚度中密度纤维板素板释放的主要 VVOC 组分,质量浓度分别为 189.58 μg/m³、40.35 μg/m³ 和 22.22 μg/m³,占比分别为 71.34%、15.18%

和 8.36%。同时在试验中还检测到少量的醚类（6.68 μg/m³）、烷烃类（4.53 μg/m³）和其他类（2.38 μg/m³）物质，占比分别为 2.51%、1.70%和 0.90%，它们的占比很小。各 VVOC 组分浓度从高到低依次为醇类＞酮类＞酯类＞醚类＞烷烃类＞其他类。根据世界卫生组织外来化合物急性毒性分级标准（表 2-2），在这些被检测到的 VVOC 组分中，只有二氯甲烷属于中毒，会对人体健康产生危害，其他 VVOC 物质大多属于微毒和低毒。长期吸入高浓度的二氯甲烷可导致机体中枢神经系统受损，出现头晕、头疼、恶心等中毒症状，部分人会出现四肢无力的症状；它也可导致呼吸系统麻痹，致使液体从肺毛细血管渗透到肺间质、肺泡，超过淋巴回流的代偿能力，从而出现肺水肿的现象。此外，根据世界卫生组织国际癌症研究机构公布的致癌物清单可以发现，二氯甲烷属于 2A 类致癌物。尽管本试验中的二氯甲烷浓度不是很高，但也应引起足够重视。在所有检测到的低毒类 VVOC 中，1-丁醇的释放浓度较高，这种物质可对眼、鼻、喉部产生刺激，在角膜浅层形成半透明的空泡，还可产生头痛、头晕和嗜睡的症状，手部接触时可导致皮炎症状。四氢呋喃低毒，具有刺激和麻醉作用，人体吸入后容易引起神经衰弱和黏膜刺激症状，以及恶心、食欲减退、腹痛、胸闷、咳嗽、肝大和心悸等症状。丙酮对人体的损害体现在麻醉中枢神经和刺激呼吸道，表现为乏力、恶心、头晕，重者发生痉挛，甚至昏迷。1,4-二噁烷可通过口、鼻及皮肤进入体内，具有麻醉和刺激作用，其可刺激眼和上呼吸道，并可能对损害肝、肾，急性中毒可导致死亡。

表 2-3　8/18 mm 中密度纤维板素板 VVOC 释放组分

物质类别	序号	物质名称	CAS 号	化学式	分子量	毒性分级	质量浓度/(μg/m³)	
							8 mm	18 mm
醇类	1	乙醇	64-17-5	C_2H_6O	46	微毒	99.69	231.08
	2	1-丁醇	71-36-3	$C_4H_{10}O$	74	低毒	89.89	99.22
酮类	3	丙酮	67-64-1	C_3H_6O	58	微毒	36.84	39.22
	4	3-甲基-2(5H)-呋喃酮	22122-36-7	$C_5H_6O_2$	98	低毒	3.51	—
酯类	5	乙酸乙酯	141-78-6	$C_4H_8O_2$	88	低毒	22.22	31.41
醚类	6	四氢呋喃	109-99-9	C_4H_8O	72	低毒	6.68	19.25
烷烃类	7	二氯甲烷	75-09-2	CH_2Cl_2	84	中毒	4.53	3.85
其他类	8	1,4-二噁烷	123-91-1	$C_4H_8O_2$	88	微毒	2.38	2.75

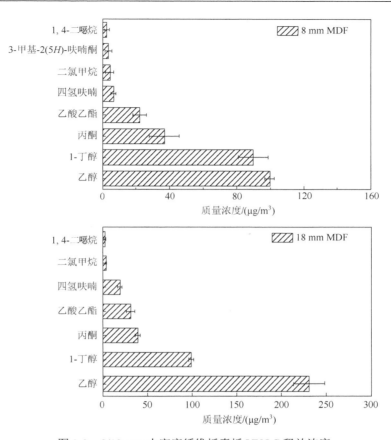

图 2-2　8/18 mm 中密度纤维板素板 VVOC 释放浓度

对 18 mm 中密度纤维板素板 VVOC 释放的成分进行鉴别分析，得到 6 类 7 种 VVOC 的特征信息，具体 VVOC 组分见表 2-3。可以发现，醇类、酮类、酯类和醚类是 18 mm 厚度中密度纤维板素板释放的主要 VVOC 组分，质量浓度分别为 330.30 $\mu g/m^3$、39.22 $\mu g/m^3$、31.41 $\mu g/m^3$ 和 19.25 $\mu g/m^3$，占比分别为 77.39%、9.19%、7.36%和4.51%。同时还检测出极少量的烷烃类（3.85 $\mu g/m^3$）和其他类（2.75 $\mu g/m^3$），但二者占比非常小。各 VVOC 组分浓度由高到低依次为醇类＞酮类＞酯类＞醚类＞烷烃类＞其他类。醇类 VVOC 中的乙醇释放浓度为 231.08 $\mu g/m^3$，占 TVVOC 的 50% 以上，是 18 mm 中密度纤维板素板 VVOC 释放浓度最高的组分，其次为 1-丁醇，占比为 23.25%。在这些被检测到的 VVOC 组分中，只有极少量的二氯甲烷毒性为中毒，其他 VVOC 均属于微毒和低毒范围，无更强毒性的 VVOC 组分出现。与 8 mm 中密度纤维板素板相比，18 mm 中密度纤维板素板释放的主要 VVOC 组分与其大体相似，只有 3-甲基-2(5H)-呋喃酮未被检测出来。尽管两种厚度板材释放的主要 VVOC 组分相似，但它们的质量浓度却相差很大。对乙醇来说，质量浓度从 8 mm 时的

99.69 μg/m³ 增加到 18 mm 时的 231.08 μg/m³，增长幅度为 131.80%。乙酸乙酯和四氢呋喃的质量浓度也分别由 22.22 μg/m³ 和 6.68 μg/m³ 增加到 31.41 μg/m³ 和 19.25 μg/m³，增长幅度分别为 41.36% 和 188.17%。厚度对这三种 VVOC 组分的影响较大，而对于其他 VVOC 的释放影响相对较小。此外，增加板材厚度对 TVVOC 影响显著，这与板材制作时使用的原材料具有直接关联性。18 mm 中密度纤维板素板制作时所使用的原材料一般远大于 8 mm 板材制作时使用的原材料，这是造成不同厚度板材 VVOC 释放浓度增加最为直接的原因之一。

中密度纤维板素板释放的 VVOC 来源广泛，形成原因也较为复杂多样。醇类和酮类 VVOC 可能来自木材碳水化合物和脂质降解。此外，这些 VVOC 组分也来自胶黏剂、其他助剂和添加剂的使用，如乙醇和丙酮通常被用作胶黏剂的溶剂，而丙酮也被用作高温高压后板材边缘上残留胶黏剂的重要清洗剂。板材中胶黏剂组分的水解反应可产生 1-丁醇，这在以前的研究中被报道。此外，酮类 VVOC 也可能是由不饱和脂肪酸的化学降解所形成。酯类 VVOC 中的乙酸乙酯一部分来自高温热压过程中纤维素和半纤维素的复杂化学反应，另一部分可能来自胶黏剂的溶剂。呋喃衍生物主要是通过板材热压过程中碳水化合物的反复脱水和重排形成。醚类 VVOC 中的四氢呋喃是在中密度纤维板热压过程中木质纤维中的纤维素热降解形成。二氯甲烷和 1,4-二噁烷的释放浓度非常小，这两种 VVOC 通常可以与其他溶剂相混合，以促进胶黏剂中所用树脂的溶解。

2.2.2　8/18 mm 三聚氰胺浸渍胶膜纸饰面中密度纤维板 VVOC 释放特性分析

通过 GC-MS 测量技术对 8/18 mm 三聚氰胺浸渍胶膜纸饰面中密度纤维板（MI-MDF）释放的 VVOC 进行鉴定分析，得到 VVOC 释放的特征信息，具体见表 2-4。图 2-3 为 8/18 mm 三聚氰胺浸渍胶膜纸饰面中密度纤维板 VVOC 释放浓度。可以发现，8 mm 三聚氰胺浸渍胶膜纸饰面中密度纤维板释放了 7 种 VVOC 组分，将其分为醇类（乙醇）、酮类[丙酮、3-甲基-2(5H)-呋喃酮]、酯类（乙酸乙酯）、酸类（乙酸）、烷烃类（二氯甲烷）和其他类（1,4-二噁烷）。醇类、酮类和酯类物质是 8 mm 三聚氰胺浸渍胶膜纸饰面中密度纤维板 VVOC 释放的主要组分，质量浓度分别为 92.11 μg/m³、18.01 μg/m³ 和 17.59 μg/m³，占比分别为 62.94%、12.30% 和 12.02%。同时还检测到少量的酸类（7.82 μg/m³）、烷烃类（7.84 μg/m³）和其他类（2.98 μg/m³）物质，占比分别为 5.34%、5.36% 和 2.04%，这三类 VVOC 所占比例较小。各 VVOC 组分浓度由高到低依次为醇类＞酮类＞酯类＞烷烃类＞酸类＞其他类。在这些被检测到的 VVOC 组分中，毒性多表现为低毒和微毒，只有二氯甲烷的毒性属于中毒范畴。

表 2-4　8/18 mm 三聚氰胺浸渍胶膜纸饰面中密度纤维板 VVOC 释放组分

物质类别	序号	物质名称	CAS 号	化学式	分子量	毒性等级	质量浓度/(μg/m³) 8 mm	质量浓度/(μg/m³) 18 mm
醇类	1	乙醇	64-17-5	C_2H_6O	46	微毒	92.11	94.45
酮类	2	丙酮	67-64-1	C_3H_6O	58	微毒	15.69	18.11
	3	3-甲基-2(5H)-呋喃酮	22122-36-7	$C_5H_6O_2$	98	低毒	2.32	2.90
酯类	4	乙酸乙酯	141-78-6	$C_4H_8O_2$	88	低毒	17.59	23.21
酸类	5	乙酸	64-19-7	$C_2H_4O_2$	60	低毒	7.82	6.81
醚类	6	四氢呋喃	109-99-9	C_4H_8O	72	低毒	—	5.76
烷烃类	7	二氯甲烷	75-09-2	CH_2Cl_2	84	中毒	7.84	3.16
其他类	8	1,4-二噁烷	123-91-1	$C_4H_8O_2$	88	微毒	2.98	1.85

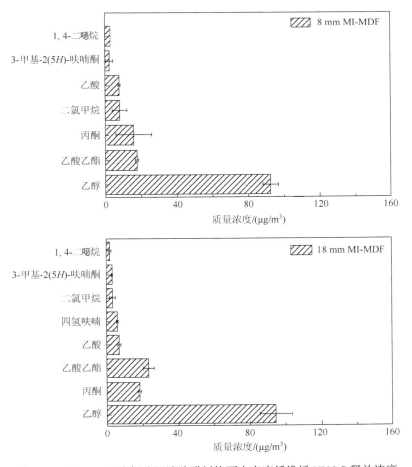

图 2-3　8/18 mm 三聚氰胺浸渍胶膜纸饰面中密度纤维板 VVOC 释放浓度

对 18 mm 三聚氰胺浸渍胶膜纸饰面中密度纤维板释放的 VVOC 成分进行鉴定分析，得到 7 类 8 种 VVOC 的特征信息，具体 VVOC 组分见表 2-4。可以发现，醇类、酯类和酮类是 18 mm 三聚氰胺浸渍胶膜纸饰面中密度纤维板 VVOC 释放的主要组分，质量浓度分别为 94.45 μg/m³、23.21 μg/m³ 和 21.01 μg/m³，占比分别为 60.45%、14.85% 和 13.45%。同时还检测到少量的酸类（6.81 μg/m³）、醚类（5.76 μg/m³）、烷烃类（3.16 μg/m³）和其他类（1.85 μg/m³）物质。各 VVOC 组分浓度由高到低依次为醇类＞酯类＞酮类＞酸类＞醚类＞烷烃类＞其他类。醇类 VVOC 中的乙醇浓度达到了 TVVOC 释放浓度的 60% 以上，是板材 VVOC 释放的第一主要成分。在这些被检测到的 VVOC 成分中，多数 VVOC 的毒性属于微毒和低毒。据报道，化合物的毒性大小与其分子结构、碳链结构、官能团种类、分子量和沸点并无直接关联性。

与 8 mm 三聚氰胺浸渍胶膜纸饰面中密度纤维板释放的 VVOC 组分相比，18 mm 三聚氰胺浸渍胶膜纸饰面中密度纤维板释放的 VVOC 种类多，为 8 种，但 VVOC 组分极其相似，未发生明显的成分变化。少量的乙酸在两种厚度板材中被检测出来，推测其可能来源于三聚氰胺浸渍纸饰面材料及贴面时所使用的胶黏剂。四氢呋喃（5.76 μg/m³）在 18 mm 三聚氰胺浸渍胶膜纸饰面中密度纤维板中被检测出来，而在 8 mm 厚度板材中未被检测出来，这可能是由于其浓度低于仪器的检测限。两种厚度规格的三聚氰胺浸渍纸饰面中密度纤维板的 TVVOC 浓度相差不大，差值仅为 10 μg/m³ 左右，这说明三聚氰胺浸渍胶膜纸饰面材料对板材 VVOC 释放具有很好的封闭作用，可以显著降低板材 VVOC 的释放浓度，但不能起到全封闭的作用。同时也反映出贴面板材 VVOC 的释放受到厚度的影响较小。因此，在满足其他性能的前提下，居民应根据实际需要尽可能选择 8 mm 三聚氰胺浸渍胶膜纸饰面中密度纤维板作为家具和其他装饰材料的原材料。

2.2.3　8/18 mm PVC 饰面中密度纤维板 VVOC 释放特性分析

通过 GC-MS 测量技术对 8/18 mm PVC 饰面中密度纤维板（PVC-MDF）释放的 VVOC 进行鉴定分析，得到 VVOC 组分的特征信息，具体见表 2-5。图 2-4 为 8/18 mm PVC 饰面中密度纤维板 VVOC 释放浓度。可以发现，8 mm PVC 饰面中密度纤维板释放 6 种 VVOC，将其分为醇类（乙醇）、酮类[丙酮、4-甲基-2(5H)-呋喃酮]、酯类（乙酸乙酯）、烷烃类（二氯甲烷）和其他类（1,4-二恶烷）。醇类、酮类和酯类是 8 mm PVC 饰面中密度纤维板释放的主要 VVOC 组分，质量浓度分别为 95.84 μg/m³、23.41 μg/m³ 和 13.05 μg/m³，占比分别为 68.95%、16.84% 和 9.39%。同时还检测到少量烷烃类（4.51 μg/m³）和其他类（2.18 μg/m³）物质。8 mm 厚度 PVC 饰面中密度纤维板释放的醇类 VVOC 中只有乙醇被检测出来，但其浓度占比却达到了 70%左右，是板材释放的主要 VVOC 成分。8 mm 厚度 PVC 饰面中密度纤维板各 VVOC 组分浓度由高到低依次为醇类＞酮类＞酯类＞烷烃类＞其他类。在这些检测到的 VVOC 组分中，多数 VVOC 呈现出微毒和低毒的特征。

对 18 mm PVC 饰面中密度纤维板释放的 VVOC 组分进行鉴定分析，得到 7 种 VVOC 的特征信息，将其分为醇类（乙醇）、酮类[丙酮、4-甲基-2(5H)-呋喃酮]、酯类（乙酸乙酯）、醚类（四氢呋喃）、烷烃类（二氯甲烷）和其他类（1,4-二噁烷）。可以发现，醇类、酮类和酯类 VVOC 是 18 mm PVC 饰面中密度纤维板释放的主要组分，质量浓度分别为 117.01 μg/m³、28.43 μg/m³ 和 23.88 μg/m³，占比分别为 63.71%、15.48%和 13.00%。同时还有少量的醚类（6.35 μg/m³）、烷烃类（5.27 μg/m³）和其他类（2.72 μg/m³）物质被检测出来，但它们的占比均较小。醇类 VVOC 中只有乙醇被检测出来，但其却是板材释放浓度最高的物质，占 TVVOC 浓度的 60%以上。18 mm 厚度 PVC 饰面中密度纤维板各 VVOC 组分浓度由高到低依次为醇类＞酮类＞酯类＞醚类＞烷烃类＞其他类。在所有被检测到的 VVOC 组分中，多数物质毒性属于微毒和低毒范围。

18 mm PVC 饰面中密度纤维板和 8 mm PVC 饰面中密度纤维板释放的主要 VVOC 组分大体相似，但比 8 mm 板材多释放了一种物质（四氢呋喃），其浓度不高，所占比例较小。板材厚度由 8 mm 增加到 18 mm，乙醇释放浓度增加，增幅为 22.09%。板材厚度会影响 PVC 饰面中密度纤维板中乙醇组分的释放，而对其他 VVOC 的释放影响不是十分显著。PVC 饰面材料对板材 VVOC 的释放起到了很好的阻隔作用，可以显著降低板材的 TVVOC 浓度，是室内家具中较为理想的贴面材料。

表 2-5　8/18 mm PVC 饰面中密度纤维板 VVOC 释放组分

物质类别	序号	物质名称	CAS 号	化学式	分子量	毒性等级	质量浓度/(μg/m³)	
							8 mm	18 mm
醇类	1	乙醇	64-17-5	C_2H_6O	46	微毒	95.84	117.01
酮类	2	丙酮	67-64-1	C_3H_6O	58	微毒	22.22	26.05
	3	4-甲基-2(5H)-呋喃酮	6124-79-4	$C_5H_6O_2$	98	低毒	1.19	2.38
酯类	4	乙酸乙酯	141-78-6	$C_4H_8O_2$	88	低毒	13.05	23.88
醚类	5	四氢呋喃	109-99-9	C_4H_8O	72	低毒	—	6.35
烷烃类	6	二氯甲烷	75-09-2	CH_2Cl_2	84	中毒	4.51	5.27
其他类	7	1,4-二噁烷	123-91-1	$C_4H_8O_2$	88	微毒	2.18	2.72

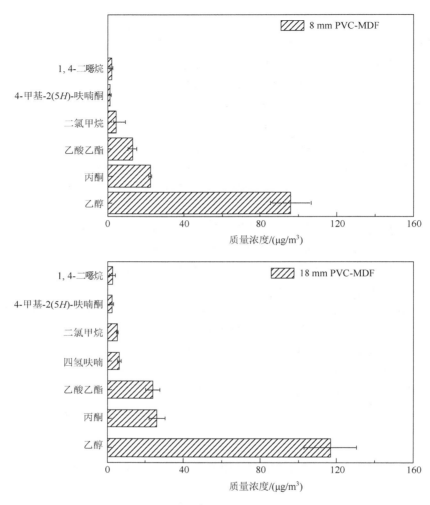

图 2-4　8/18 mm PVC 饰面中密度纤维板 VVOC 释放浓度

2.3　饰面刨花板 VVOC 释放特性分析

2.3.1　8/18 mm 刨花板素板 VVOC 释放特性分析

通过 GC-MS 测量技术对 8/18 mm 刨花板素板（PB）释放的 VVOC 进行鉴定分析，得到 VVOC 组分的特征信息，具体见表 2-6。图 2-5 为 8/18 mm 刨花板素板 VVOC 释放浓度。可以发现，8 mm 刨花板素板释放了 9 种 VVOC 组分，将其分为醇类（乙醇、1-丁醇）、酮类[丙酮、3-甲基-2(5H)-呋喃酮]、酯类（乙酸乙酯）、醚类（四氢呋喃）、酸类（乙酸）、烷烃类（二氯甲烷）和其他类（1, 4-二噁烷）。

醇类、酮类、酯类和醚类是 8 mm 刨花板素板释放的主要 VVOC 组分，质量浓度分别为 119.06 μg/m³、58.21 μg/m³、20.17 μg/m³ 和 17.17 μg/m³，占比分别为 49.89%、24.39%、8.45% 和 7.19%。同时还检测到少量的酸类（10.24 μg/m³）、烷烃类（6.81 μg/m³）和其他类（6.99 μg/m³）物质，但它们的占比很小。8 mm 刨花板素板各组分释放浓度由高到低依次为醇类>酮类>酯类>醚类>酸类>其他类>烷烃类。8 mm 刨花板素板释放的 VVOC 组分中，1-丁醇的质量浓度最高，为 75.77 μg/m³，占 TVVOC 释放浓度的 30% 以上，其次为丙酮和乙醇，占比分别为 19.04% 和 18.14%。这三种物质是 8 mm 刨花板素板释放的主要 VVOC 组分，累积占有量超过 60%。在所检测到的 VVOC 组分中，仅有二氯甲烷的毒性级别为中毒，其他 VVOC 的毒性多为微毒和低毒，未发现更高级别的毒性物质。

18 mm 刨花板素板释放了 9 种 VVOC 组分，将其分为醇类（乙醇、1-丁醇）、酮类（丙酮、3-甲基-2(5H)-呋喃酮）、酯类（乙酸乙酯）、醚类（四氢呋喃）、酸类（乙酸）、烷烃（二氯甲烷）和其他类（1,4-二噁烷）7 个类别。醇类、酮类和酸类是 18 mm 刨花板素板释放的主要 VVOC 组分，质量浓度分别为 150.18 μg/m³、79.78 μg/m³ 和 31.76 μg/m³，占比分别为 42.86%、22.77% 和 9.06%。同时还有酯类（21.93 μg/m³）、醚类（24.99 μg/m³）、烷烃类（21.64 μg/m³）和其他类（20.11 μg/m³）被检测出来。18 mm 刨花板素板各 VVOC 组分浓度由高到低依次为醇类>酮类>酸类>醚类>酯类>烷烃类>其他类。1-丁醇仍然是 18 mm 刨花板素板释放浓度最高的 VVOC 组分，占比为 26.88%，其次为丙酮和乙醇，这三种物质的累积占有量达到 TVVOC 释放浓度的 60% 左右，是 18 mm 刨花板素板释放的主要 VVOC 组分。在所有被检测到的 VVOC 中，物质毒性多数为微毒和低毒。

与 8 mm 刨花板素板相比，18 mm 刨花板素板释放的 VVOC 成分与其完全相同，均为 9 种 VVOC 组分，未检测到新的 VVOC 组分。这些 VVOC 组分均是人造板 VVOC 检测中较为常见的物质。板材厚度的增加并未对刨花板素板 VVOC 的释放种类造成影响，但对质量浓度的影响较为明显。增加板材厚度会导致 VVCO 组分浓度的增大，但增加的幅度却不尽相同。就乙酸乙酯而言，板材厚度由 8 mm 增加到 18 mm，质量浓度仅增加 1.76 μg/m³，增幅为 8.73%；而对于二氯甲烷来说，厚度由 8 mm 增加为 18 mm，释放浓度增加了 14.83 μg/m³，增幅为 217.77%。这说明板材厚度与 VVOC 的质量浓度并不呈现线性相关。VVOC 的释放浓度随着厚度的变化呈现出无规律性的改变，这主要是由于板材 VVOC 释放会受到众多因素的影响，而不是仅仅由单一因素所决定。

刨花板素板中的木质纤维和脂质降解会产生醇类和酮类 VVOC，而且丙酮和乙醇是常见的有机溶剂。1-丁醇属于低毒物质，除木材纤维和脂质降解会产生醇类物质外，脲醛树脂水解也可以产生 1-丁醇，这也是刨花板素板中 1-丁醇的主要释放来源。刨花板素板中的乙酸主要来源于木材中半纤维素乙酰基的水解以及纤维素酸性水解反应后产生的游离乙酸。木材纤维和脂质降解产生低级酯类，并且在刨花板高温成型加工过程中，游离的乙酸会发生二次反应产生乙酸乙酯。此外，乙酸乙酯也是胶黏剂中较为重要的溶剂。呋喃类衍生物主要是通过刨花板热压过程中碳水化合物的反复脱水和重排形成的。四氢呋喃是在板材热压过程中由木材中的纤维素成分热降解形成。刨花板 VVOC 的释放是一个持续的过程，作为挥发性有机污染物中的一种，VVOC 的释放来源广泛且较为复杂。

表 2-6   8/18 mm 刨花板素板 VVOC 释放组分

物质类别	序号	物质名称	CAS 号	化学式	分子量	毒性级别	质量浓度/($\mu g/m^3$)	
							8 mm	18 mm
醇类	1	乙醇	64-17-5	C_2H_6O	46	微毒	43.29	55.99
	2	1-丁醇	71-36-3	$C_4H_{10}O$	74	低毒	75.77	94.19
酮类	3	丙酮	67-64-1	C_3H_6O	58	微毒	45.44	60.05
	4	3-甲基-2(5H)-呋喃酮	22122-36-7	$C_5H_6O_2$	98	低毒	12.77	19.73
酯类	5	乙酸乙酯	141-78-6	$C_4H_8O_2$	88	低毒	20.17	21.93
醚类	6	四氢呋喃	109-99-9	C_4H_8O	72	低毒	17.17	24.99
酸类	7	乙酸	64-19-7	$C_2H_4O_2$	60	低毒	10.24	31.76
烷烃类	8	二氯甲烷	75-09-2	CH_2Cl_2	84	中毒	6.81	21.64
其他类	9	1，4-二噁烷	123-91-1	$C_4H_8O_2$	88	微毒	6.99	20.11

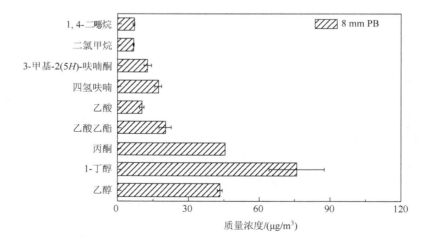

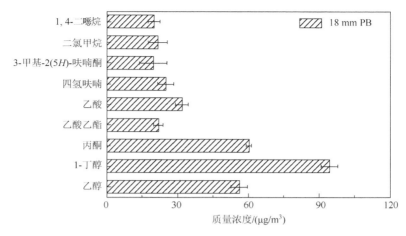

图 2-5　8/18 mm 刨花板素板 VVOC 释放浓度

2.3.2　8/18 mm 三聚氰胺浸渍胶膜纸饰面刨花板 VVOC 释放特性分析

通过 GC-MS 测量技术对 8/18 mm 三聚氰胺浸渍胶膜纸饰面刨花板（MI-PB）释放的 VVOC 进行鉴定分析，得到 VVOC 组分的特征信息，具体见表 2-7。图 2-6 为 8/18 mm 三聚氰胺浸渍胶膜纸饰面刨花板 VVOC 释放浓度。可以发现，8 mm 三聚氰胺浸渍胶膜纸饰面刨花板释放了 10 种 VVOC 组分，将其分为醇类（乙醇、1-丁醇）、酮类[丙酮、3-甲基-2(5H)-呋喃酮]、酯类（乙酸乙酯）、醚类（四氢呋喃）、酸类（乙酸）、醛类（戊醛）、烷烃类（二氯甲烷）和其他类（1,4-二噁烷）。可以发现，醇类、酮类和酯类是 8 mm 三聚氰胺浸渍胶膜纸饰面刨花板释放的主要 VVOC 组分，质量浓度分别为 107.99 μg/m³、59.43 μg/m³ 和 22.01 μg/m³，占比分别为 48.23%、26.54% 和 9.83%。同时还检测到少量的醚类（14.34 μg/m³）、酸类（5.50 μg/m³）、醛类（6.88 μg/m³）、烷烃类（4.62 μg/m³）和其他类（3.12 μg/m³）。8 mm 三聚氰胺浸渍胶膜纸饰面刨花板各 VVOC 组分浓度由高到低依次为醇类＞酮类＞酯类＞醚类＞醛类＞酸类＞烷烃类＞其他类。8 mm 三聚氰胺浸渍胶膜纸饰面刨花板 VVOC 中，1-丁醇的质量浓度最高，为 57.51 μg/m³，其次为丙酮和乙醇，质量浓度分别为 55.49 μg/m³ 和 50.48 μg/m³。这三种 VVOC 组分是 8 mm 三聚氰胺浸渍纸饰面刨花板 VVOC 释放的主要成分，占比超过 70%。此外，在 8 mm 三聚氰胺浸渍胶膜纸饰面刨花板中还检测到具有低毒的戊醛，但其质量浓度不高，为 6.88 μg/m³。此物质主要来自饰面材料，可能是由于三聚氰胺浸渍纸在热压贴面过程中受到高温和氧气的影响，原纸中的低分子量含碳化合物发生了氧化降解。高浓度的戊醛会刺激皮肤、眼睛和呼吸道黏膜，应该引起重视。试验中其他 VVOC 组分的毒性大多趋于微毒和低毒范畴。

表 2-7　8/18 mm 三聚氰胺浸渍胶膜纸饰面刨花板 VVOC 释放组分

物质类别	序号	物质名称	CAS 号	化学式	分子量	毒性级别	质量浓度/(μg/m³)	
							8 mm	18 mm
醇类	1	乙醇	64-17-5	C_2H_6O	46	微毒	50.48	75.92
	2	1-丁醇	71-36-3	$C_4H_{10}O$	74	低毒	57.51	74.95
酮类	3	丙酮	67-64-1	C_3H_6O	58	微毒	55.49	78.91
	4	3-甲基-2(5H)-呋喃酮	22122-36-7	$C_5H_6O_2$	98	低毒	3.94	6.72
酯类	5	乙酸乙酯	141-78-6	$C_4H_8O_2$	88	低毒	22.01	32.56
醚类	6	四氢呋喃	109-99-9	C_4H_8O	72	低毒	14.34	15.72
酸类	7	乙酸	64-19-7	$C_2H_4O_2$	60	低毒	5.50	27.51
醛类	8	戊醛	110-62-3	$C_5H_{10}O$	86	低毒	6.88	11.11
烷烃类	9	二氯甲烷	75-09-2	CH_2Cl_2	84	中毒	4.62	4.62
其他类	10	1,4-二噁烷	123-91-1	$C_4H_8O_2$	88	微毒	3.12	4.99

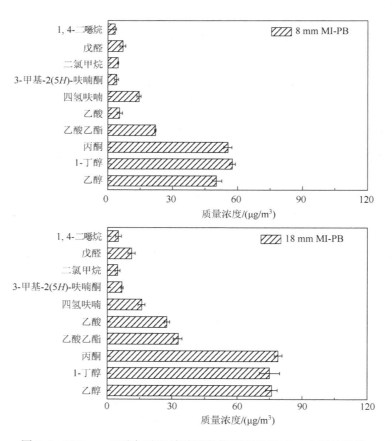

图 2-6　8/18 mm 三聚氰胺浸渍胶膜纸饰面刨花板 VVOC 释放浓度

18 mm 三聚氰胺浸渍胶膜纸饰面刨花板释放的 VVOC 种类与 8 mm 三聚氰胺浸渍胶膜纸饰面刨花板相同，将其分为醇类（乙醇、1-丁醇）、酮类（丙酮、3-甲基-2(5H)-呋喃酮）、酯类（乙酸乙酯）、醚类（四氢呋喃）、酸类（乙酸）、醛类（戊醛）、烷烃类（二氯甲烷）和其他类（1,4-二噁烷）。醇类、酮类、酯类和酸类是 18 mm 三聚氰胺浸渍胶膜纸饰面刨花板释放的主要 VVOC 组分，质量浓度分别为 150.87 μg/m³、85.63 μg/m³、32.56 μg/m³ 和 27.51 μg/m³，占比分别为 45.30%、25.71%、9.78%和 8.26%。18 mm 三聚氰胺浸渍胶膜纸饰面刨花板各 VVOC 组分浓度由高到低依次为醇类＞酮类＞酯类＞酸类＞醚类＞醛类＞其他类＞烷烃类。丙酮是 18 mm 三聚氰胺浸渍胶膜纸饰面刨花板 VVOC 释放浓度最高的组分，质量浓度为 78.91 μg/m³，其次为乙醇和 1-丁醇，质量浓度分别为 75.92 μg/m³ 和 74.95 μg/m³。这三种 VVOC 组分的释放浓度占 TVVOC 的 60%以上，是 18 mm 三聚氰胺浸渍胶膜纸饰面刨花板释放的主要 VVOC 成分。

18 mm 三聚氰胺浸渍胶膜纸饰面刨花板与 8 mm 三聚氰胺浸渍胶膜纸饰面刨花板均释放了 10 种 VVOC 组分且释放种类完全相同，未检测到新的 VVOC 组分。增加板材厚度并没有对三聚氰胺浸渍胶膜纸饰面刨花板 VVOC 的释放种类造成影响。但从释放浓度角度来看，增大板材厚度会增加 VVOC 组分的释放浓度，但增幅却存在明显差别。板材厚度由 8 mm 增加到 18 mm，部分 VVOC 组分的释放浓度呈现倍数增长，而有些 VVOC 组分的释放浓度只是略微变化。VVOC 释放浓度不仅仅会受到板材厚度的影响，还会受到材料结构、外界环境因素和周围材料的影响。因此，板材 VVOC 的释放是一个极为复杂的过程。当三聚氰胺浸渍胶膜纸饰面刨花板被用作家具和其他装饰材料时，居住者应该根据实际需要合理选择饰面板材厚度，以此降低板材挥发性有机污染物的释放，保证室内空气质量。

2.3.3　8/18 mm PVC 饰面刨花板 VVOC 释放特性分析

通过 GC-MS 测量技术对 8/18 mm PVC 饰面刨花板（PVC-PB）释放的 VVOC 进行鉴定分析，得到 VVOC 组分的特征信息，具体见表 2-8。图 2-7 为 8/18 mm PVC 饰面刨花板 VVOC 释放浓度。可以发现，8 mm PVC 饰面刨花板释放了 8 种 VVOC 组分，将其分为醇类（乙醇、1-丁醇）、酮类（丙酮）、酯类（乙酸乙酯）、醚类（四氢呋喃）、烷烃类（二氯甲烷）、酸类（乙酸）和其他类（1,4-二噁烷）。可以发现，醇类、酮类和酯类是 8 mm PVC 饰面刨花板释放的主要 VVOC 组分，质量浓度分别为 78.76 μg/m³、30.33 μg/m³ 和 22.29 μg/m³，占比分别为 52.42%、20.19%和 14.84%。同时在板材中还检测到少量的醚类

（11.28 μg/m³）、烷烃（4.89 μg/m³）、酸类（1.59 μg/m³）和其他类（1.10 μg/m³）物质，但它们的占比均很小。8 mm PVC 饰面刨花板各 VVOC 组分浓度由高到低依次为醇类＞酮类＞酯类＞醚类＞烷烃类＞酸类＞其他类。1-丁醇是 8 mm PVC 饰面刨花板中释放浓度最高的 VVOC 组分，质量浓度为 53.12 μg/m³，其次为丙酮和乙醇。这三种组分是 8 mm PVC 饰面刨花板 VVOC 释放的主要组分。在所有被检测到的 VVOC 中，物质毒性大多数为微毒和低毒。

表 2-8　8/18 mm PVC 饰面刨花板 VVOC 释放组分

物质类别	序号	物质名称	CAS 号	化学式	分子量	毒性级别	质量浓度/(μg/m³) 8 mm	18 mm
醇类	1	乙醇	64-17-5	C_2H_6O	46	微毒	25.64	35.47
	2	1-丁醇	71-36-3	$C_4H_{10}O$	74	低毒	53.12	67.69
酮类	3	丙酮	67-64-1	C_3H_6O	58	微毒	30.33	36.28
酯类	4	乙酸乙酯	141-78-6	$C_4H_8O_2$	88	低毒	22.29	26.42
醚类	5	四氢呋喃	109-99-9	C_4H_8O	72	低毒	11.28	13.37
酸类	6	乙酸	64-19-7	$C_2H_4O_2$	60	低毒	1.59	6.49
烷烃类	7	二氯甲烷	75-09-2	CH_2Cl_2	84	中毒	4.89	15.88
其他类	8	1,4-二噁烷	123-91-1	$C_4H_8O_2$	88	微毒	1.10	2.69

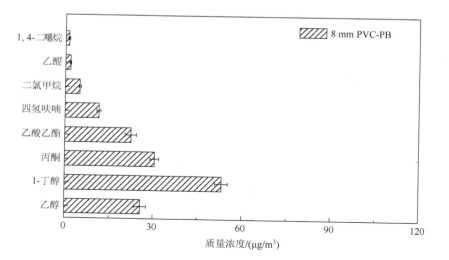

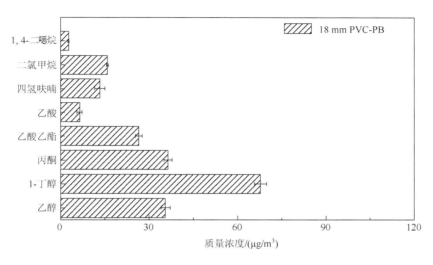

图 2-7　8/18 mm PVC 饰面刨花板 VVOC 释放浓度

18 mm PVC 饰面刨花板释放了 8 种 VVOC，将其分为醇类（乙醇、1-丁醇）、酮类（丙酮）、酯类（乙酸乙酯）、醚类（四氢呋喃）、酸类（乙酸）、烷烃类（二氯甲烷）和其他类（1,4-二噁烷）。可以发现，醇类、酮类和酯类是 18 mm 厚度 PVC 饰面刨花板释放的主要 VVOC 组分，质量浓度分别为 103.16 µg/m³、36.28 µg/m³ 和 26.42 µg/m³，占比分别为 50.50%、17.76% 和 12.93%。18 mm 厚度 PVC 饰面刨花板各 VVOC 组分浓度由高到低依次为醇类＞酮类＞酯类＞烷烃类＞醚类＞酸类＞其他类。

18 mm PVC 饰面刨花板与 8 mm PVC 饰面刨花板释放的主要 VVOC 组分相同，但组分浓度有所差别。板材厚度由 8 mm 增加到 18 mm，VVOC 的释放种类未发生改变，质量浓度却随之增大。板材厚度会在一定程度上影响 PVC 饰面刨花板 VVOC 的释放。

2.4　漆饰中密度纤维板 VVOC 释放特性分析

2.4.1　8/18 mm 聚氨酯漆涂饰中密度纤维板 VVOC 释放特性分析

通过 GC-MS 测量技术对 8/18 mm 聚氨酯漆涂饰中密度纤维板（PU-MDF）释放的 VVOC 进行鉴定分析，得到 VVOC 组分的特征信息，具体 VVOC 释放组分见表 2-9。图 2-8 为 8/18 mm 聚氨酯漆涂饰中密度纤维板 VVOC 释放浓度。可以发现，8 mm 聚氨酯漆涂饰中密度纤维板释放了 6 种 VVOC，可以分为醇类

（乙醇、1, 2-丙二醇）、酯类（乙酸乙酯、2-甲基-2-丙烯酸甲酯）、醚类（四氢呋喃）和其他（N, N-二甲基甲酰胺）物质。醇类是 8 mm 聚氨酯漆涂饰中密度纤维板释放浓度最高的 VVOC 组分，质量浓度为 151.40 $\mu g/m^3$，占比为 74.73%，其次为醚类，占比为 12.46%。同时还检测出酯类（20.11 $\mu g/m^3$）和其他类（5.84 $\mu g/m^3$），但二者的占比不是很大。8 mm 聚氨酯漆涂饰中密度纤维板各 VVOC 组分浓度由高到低依次为醇类＞醚类＞酯类＞其他类。在这些被检测到的 VVOC 中，1, 2-丙二醇的质量浓度最高，为 92.02 $\mu g/m^3$，占比超过 40%，这种物质通常作为涂料的成膜助剂，以提高涂料在低温下的流动性和稳定性。尽管该物质在常温下化学性质稳定，毒性很低，但过多接触高浓度的 1, 2-丙二醇可能会刺激肠胃、皮肤和眼睛，还可能引起肾脏疾病。此外，试验中还检测到少量的 2-甲基-2-丙烯酸甲酯和 N, N-二甲基甲酰胺两种物质，质量浓度分别为 8.52 $\mu g/m^3$ 和 5.84 $\mu g/m^3$。2-甲基-2-丙烯酸甲酯主要用于涂料的合成，而 N, N-二甲基甲酰胺可能是由二甲基乙醇胺和甲酸形成的。尽管涂料中存在二甲基乙醇胺（可能还有微量的二甲胺），但甲酸（以及其他羧酸）是在漆膜固化过程中形成的，这种物质可以促进漆膜的平整度，提高漆膜的质量。此外，它还具有溶解漆膜中的乳液颗粒和着色的功能，使其更容易形成漆膜。8 mm 聚氨酯漆涂饰中密度纤维板释放的 VVOC 组分中，多数 VVOC 组分毒性为微毒和低毒。

表 2-9　8/18 mm 聚氨酯漆涂饰中密度纤维板 VVOC 释放组分

物质类别	序号	物质名称	CAS 号	化学式	分子量	毒性级别	质量浓度/($\mu g/m^3$)	
							8 mm	18 mm
醇类	1	乙醇	64-17-5	C_2H_6O	46	微毒	59.38	62.91
	2	1, 2-丙二醇	57-55-6	$C_3H_8O_2$	76	微毒	92.02	79.67
酯类	3	乙酸乙酯	141-78-6	$C_4H_8O_2$	88	低毒	11.59	10.16
	4	2-甲基-2-丙烯酸甲酯	80-62-6	$C_5H_8O_2$	100	微毒	8.52	7.37
醚类	5	四氢呋喃	109-99-9	C_4H_8O	72	低毒	25.24	23.51
其他类	6	1-丁胺	109-73-9	$C_4H_{11}N$	73	中毒	—	3.61
	7	N, N-二甲基甲酰胺	68-12-2	C_3H_7NO	73	低毒	5.84	8.82

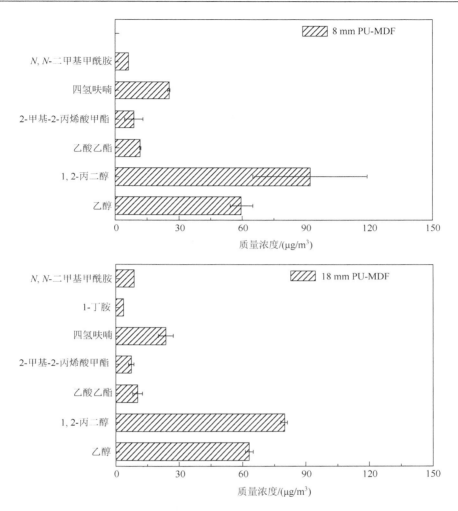

图 2-8　8/18 mm 聚氨酯漆涂饰中密度纤维板 VVOC 释放浓度

　　18 mm 聚氨酯漆涂饰中密度纤维板释放了 7 种 VVOC,同样将其分为醇类(乙醇、1, 2-丙二醇)、酯类（乙酸乙酯、2-甲基-2-丙烯酸甲酯）、醚类（四氢呋喃）和其他类（1-丁胺、N, N-二甲基甲酰胺）。醇类物质是 18 mm 聚氨酯漆涂饰中密度纤维板释放浓度最高的 VVOC 组分,质量浓度为 142.58 μg/m³,占比为 72.73%。其次为醚类,质量浓度为 23.51 μg/m³,占比为 11.99%。18 mm 聚氨酯漆涂饰中密度纤维板各 VVOC 组分浓度由高到低依次为醇类＞醚类＞酯类＞其他类。另外,在试验中还检测到质量浓度仅为 3.61 μg/m³ 的 1-丁胺,尽管其浓度较低,但其毒性较大,为中等毒性。该物质对呼吸道具有强烈刺激性,吸入后可引起咳嗽、胸痛和呼吸困难,甚至导致昏迷;此外,它还可以刺激皮肤和眼睛,应该引起足够的重视。

两种不同厚度的聚氨酯漆涂饰中密度纤维板释放的 VVOC 组分相似，种类和总释放浓度相当，出现这一现象的可能原因主要为两方面：一方面，涂料可以渗透到板材内部的微小孔隙中，堵塞了板材内部 VVOC 向外扩散的路径，降低了 VVOC 的扩散速率；另一方面，固化后的漆膜可以起到类似于饰面材料的作用，阻碍了 VVOC 向外部传导扩散，对挥发性气体的释放具有封闭作用。漆饰板材多数 VVOC 的释放来源为涂料以及溶剂的挥发，仅有部分或者少量 VVOC 来自人造板材及胶黏剂。涂料不仅仅具有保护、装饰和其他功能性的作用，同时它还可以降低人造板挥发性有机污染物的释放。

2.4.2 8/18 mm 水性漆涂饰中密度纤维板 VVOC 释放特性分析

通过 GC-MS 测量技术对 8/18 mm 水性漆涂饰中密度纤维板（WB-MDF）释放的 VVOC 进行鉴定分析，得到 VVOC 组分的特征信息，具体 VVOC 释放组分见表 2-10。图 2-9 为 8/18 mm 水性漆涂饰中密度纤维板 VVOC 释放浓度。可以发现，8 mm 水性漆涂饰中密度纤维板共释放了 6 种 VVOC，将其分为醇类（乙醇、1, 2-丙二醇）、酯类（乙酸乙酯、2-甲基-2-丙烯酸甲酯）和其他类（1-丁胺、N, N-二甲基甲酰胺）。醇类 VVOC 是 8 mm 水性漆涂饰中密度纤维板释放浓度最高的组分，质量浓度为 116.24 $\mu g/m^3$，占比为 84.24%。同时试验中还检测出少量酯类（14.44 $\mu g/m^3$）和其他类（7.30 $\mu g/m^3$）物质，但二者的占比不是很大，分别为 10.47% 和 5.29%。8 mm 水性漆涂饰中密度纤维板各 VVOC 组分浓度由高到低依次为醇类＞酯类＞其他类。在质量浓度占比最大的醇类 VVOC 中，1, 2-丙二醇的浓度最高，为 60.54 $\mu g/m^3$。该物质主要来自水性涂料，常用作抗冻助剂，主要作用是提高水性涂料的抗冻性和低温稳定性，使水性涂料能够在低温下保持良好的漆膜性能。在这些被检测到的 VVOC 组分中，多数物质呈现微毒和低毒，只有 1-丁胺的毒性级别为中毒。

18 mm 水性漆涂饰中密度纤维板释放的 VVOC 组分也有 6 种，将其分为醇类（乙醇、1, 2-丙二醇）、酯类（乙酸乙酯、2-甲基-2-丙烯酸甲酯）、醚类（四氢呋喃）和醛类（乙醛）。醇类 VVOC 是板材释放最多的组分，质量浓度为 143.13 $\mu g/m^3$，占比为 69.73%。同时还检测到酯类（17.65 $\mu g/m^3$）、醚类（25.79 $\mu g/m^3$）和醛类（18.70 $\mu g/m^3$）。18 mm 水性漆涂饰中密度纤维板各 VVOC 组分浓度由高到低依次为醇类＞醚类＞醛类＞酯类，其中醛类和酯类物质的释放浓度相当，差值为 1.05 $\mu g/m^3$。1, 2-丙二醇仍然是该板材释放浓度最高的组分，占比超过 40%，其主要作用是保持漆膜的低温稳定性。毒性为低毒的四氢呋喃和乙醛在 18 mm 水性漆涂饰中密度纤维板中被检测出来，质量浓度分别为 25.79 $\mu g/m^3$ 和 18.70 $\mu g/m^3$。长期接触低浓度的乙醛会刺激皮肤黏膜，出现如肢体震颤、恶心等慢性酒精中毒的症状。此外，乙醛可与蛋白质结合，导致蛋白质变性，诱发机体损伤并可能对肝脏、肾脏以及全身组织造成不同程度的伤害，需要引起高度重视。

两种厚度的水性漆涂饰中密度纤维板释放的 VVOC 组分大体相似，1, 2-丙二醇均是释放浓度最高的 VVOC 组分。乙醇、乙酸乙酯和 2-甲基-2-丙烯酸甲酯在两种厚度板材中同时被检测出来，它们都是水性漆涂饰中密度纤维板较为常见的 VVOC 组分。板材厚度由 8 mm 增加到 18 mm，乙醇、乙酸乙酯和 2-甲基-2-丙烯酸甲酯的浓度变化不明显，仅分别增加了 2.27 $\mu g/m^3$、1.54 $\mu g/m^3$ 和 1.67 $\mu g/m^3$。板材厚度对这三种 VVOC 组分的影响不显著。

表 2-10　8/18 mm 水性漆涂饰中密度纤维板 VVOC 释放组分

物质类别	序号	物质名称	CAS 号	化学式	分子量	毒性级别	质量浓度/($\mu g/m^3$)	
							8 mm	18 mm
醇类	1	乙醇	64-17-5	C_2H_6O	46	微毒	55.70	57.97
	2	1, 2-丙二醇	57-55-6	$C_3H_8O_2$	76	微毒	60.54	85.16
酯类	3	乙酸乙酯	141-78-6	$C_4H_8O_2$	88	低毒	7.95	9.49
	4	2-甲基-2-丙烯酸甲酯	80-62-6	$C_5H_8O_2$	100	微毒	6.49	8.16
醚类	5	四氢呋喃	109-99-9	C_4H_8O	72	低毒	—	25.79
醛类	6	乙醛	75-07-0	C_2H_4O	44	低毒	—	18.70
其他类	7	1-丁胺	109-73-9	$C_4H_{11}N$	73	中毒	3.84	—
	8	N, N-二甲基甲酰胺	68-12-2	C_3H_7NO	73	低毒	3.46	—

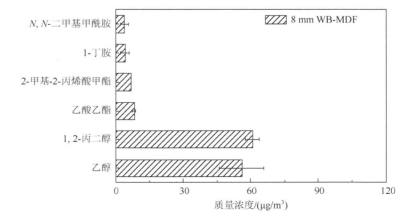

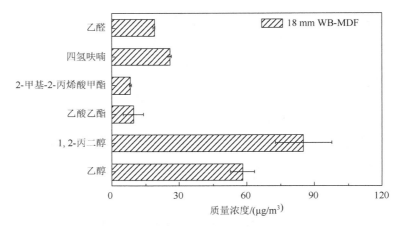

图 2-9　8/18 mm 水性漆涂饰中密度纤维板 VVOC 释放浓度

2.4.3　8/18 mm 硝基漆涂饰中密度纤维板 VVOC 释放特性分析

通过 GC-MS 测量技术对 8/18 mm 硝基漆涂饰中密度纤维板（NC-MDF）释放的 VVOC 进行鉴定分析，得到 VVOC 组分的特征信息，具体 VVOC 释放组分见表 2-11。图 2-10 为 8/18 mm 硝基漆涂饰中密度纤维板 VVOC 释放浓度。可以发现，8 mm 水性漆涂饰中密度纤维板共释放了 7 种 VVOC，分别是乙醇、1,2-丙二醇、乙酸乙酯、2-甲基-2-丙烯酸甲酯、四氢呋喃、乙醛和 N,N-二甲基甲酰胺，将其分为醇类、酯类、醚类、醛类和其他类。醇类 VVOC 的质量浓度为 144.91 $\mu g/m^3$，占比为 67.68%。同时还检测出酯类（17.88 $\mu g/m^3$）、醚类（26.47 $\mu g/m^3$）、醛类（19.01 $\mu g/m^3$）和其他类（5.85 $\mu g/m^3$）物质。8 mm 硝基漆涂饰中密度纤维板各 VVOC 组分浓度由高到低依次为醇类>醚类>醛类>酯类>其他类。醇类 VVOC 中的乙醇是 8 mm 硝基漆涂饰中密度纤维板释放浓度最高的组分，其次为 1,2-丙二醇，二者释放浓度相当，是板材释放的主要 VVOC 成分。在所有检测到的 VVOC 组分中，物质毒性多为微毒和低毒。

表 2-11　8/18 mm 硝基漆涂饰中密度纤维板 VVOC 释放组分

物质类别	序号	物质名称	CAS 号	化学式	分子量	毒性级别	质量浓度/($\mu g/m^3$)	
							8 mm	18 mm
醇类	1	乙醇	64-17-5	C_2H_6O	46	微毒	72.99	68.02
	2	1,2-丙二醇	57-55-6	$C_3H_8O_2$	76	微毒	71.92	101.78
酯类	3	乙酸乙酯	141-78-6	$C_4H_8O_2$	88	低毒	9.13	8.75
	4	2-甲基-2-丙烯酸甲酯	80-62-6	$C_5H_8O_2$	100	微毒	8.75	7.73

续表

物质类别	序号	物质名称	CAS 号	化学式	分子量	毒性级别	质量浓度/(μg/m³) 8 mm	质量浓度/(μg/m³) 18 mm
酮类	5	3-甲基-2(5H)-呋喃酮	22122-36-7	$C_5H_6O_2$	98	低毒	—	5.56
醚类	6	四氢呋喃	109-99-9	C_4H_8O	72	低毒	26.47	27.01
醛类	7	乙醛	75-07-0	C_2H_4O	44	低毒	19.01	—
	8	3-甲基丁醛	590-86-3	$C_5H_{10}O$	86	微毒	—	4.80
其他类	9	N,N-二甲基甲酰胺	68-12-2	C_3H_7NO	73	低毒	5.85	—

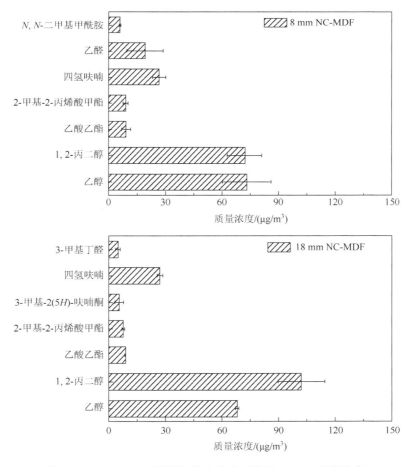

图 2-10　8/18 mm 硝基漆涂饰中密度纤维板 VVOC 释放浓度

18 mm 硝基漆涂饰中密度纤维板释放的 VVOC 种类为 7 种,分别为乙醇、1,2-丙二醇、乙酸乙酯、2-甲基-2-丙烯酸甲酯、3-甲基-2(5H)-呋喃酮、四氢呋喃和 3-甲基丁醛,将其分为醇类、酯类、酮类、醚类和醛类。醇类 VVOC 是 18 mm 硝基漆涂饰中密度纤维板释放浓度最高的组分,质量浓度为 169.80 μg/m³,占比为 75.92%,其次为醚类物质,质量浓度为 27.01 μg/m³,占比为 12.08%。同时还检测到少量的酯类(16.48 μg/m³)、酮类(5.56 μg/m³)和醛类(4.80 μg/m³),但它们的占比不大,分别为 7.37%、2.49% 和 2.15%。醇类 VVOC 中的 1,2-丙二醇是释放浓度最高的化合物,占比为 45.51%,该物质冰点低,主要来源为涂料中的助剂添加剂,其目的是提高涂料的流动性和抗冻性能,可使涂料在 0℃时不结冰。18 mm 硝基漆涂饰中密度纤维板各 VVOC 组分浓度由高到低依次为醇类>醚类>酯类>酮类>醛类。质量浓度为 4.80 μg/m³ 的 3-甲基丁醛是涂料中的 VVOC 成分,其主要来源为涂料的合成过程。接触高浓度的 3-甲基丁醛可引起胸部压迫不适和刺激上呼吸道,同时也可造成眩晕、头痛、恶心、呕吐和乏力等。

18 mm 硝基漆涂饰中密度纤维板与 8 mm 硝基漆涂饰中密度纤维板释放的 VVOC 组分大体相似,均为醇类、醚类和酯类。乙醇、1,2-丙二醇、乙酸乙酯、2-甲基-2-丙烯酸甲酯和四氢呋喃是两种厚度板材释放的主要 VVOC 成分,只是浓度略有差别。厚度由 8 mm 增加到 18 mm,仅有 1,2-丙二醇的释放浓度增幅明显,受厚度的影响较为显著。而其他主要 VVOC 单体的释放浓度只是略微发生变化,受厚度的影响不显著。

2.5　本章小结

(1)利用 15 L 小型环境舱和多填料吸附管搭配气相色谱-质谱(GC-MS)联用技术对不同饰面人造板释放的 VVOC 进行鉴别分析,得到板材 VVOC 释放的特征信息。试验发现,醇类 VVOC 是饰面人造板和漆饰人造板 VVOC 释放的常见组分,其浓度占比较大。乙醇、1-丁醇、丙酮和乙酸乙酯是 8/18 mm 饰面中密度纤维板释放的主要 VVOC 组分,其释放来源广泛且复杂。板材厚度会影响中密度纤维板素板 VVOC 的释放,遵循"厚度越大,释放浓度越高"的原则。饰面中密度纤维板 VVOC 释放种类相似,释放浓度相当,饰面材料对板材 VVOC 释放具有明显的封闭作用,可显著降低主要 VVOC 组分的释放浓度,同时饰面材料也会释放其他 VVOC 组分。

(2)对 8/18 mm 饰面刨花板释放的 VVOC 进行鉴定分析,得到 VVOC 释放的特征信息。两种厚度规格的饰面刨花板释放的主要 VVOC 组分为乙醇、1-丁醇、丙酮、四氢呋喃和乙酸。醇类是饰面刨花板释放浓度最大的 VVOC 组分,占TVVOC 比例较大。刨花板素板 VVOC 的释放受板材厚度影响显著,厚度越大,

VVOC 释放浓度越高。两种饰面刨花板 VVOC 释放浓度明显低于刨花板素板，厚度对饰面刨花板 VVOC 的释放影响作用不如刨花板素板显著。PVC 饰面刨花板释放了 10 种 VVOC 组分，释放种类最多。两种饰面材料对板材 VVOC 释放均具有抑制作用，但也会增加其他 VVOC 的释放，如戊醛，此物质可能是由于三聚氰胺浸渍纸在热压贴面过程中受到高温和氧气的影响时，原纸中的低分子量含碳化合物发生氧化降解形成。

（3）对 8/18 mm 漆饰中密度纤维板释放的 VVOC 进行鉴定分析，得到 VVOC 释放的特征信息。乙醇、1,2-丙二醇、乙酸乙酯、2-甲基-2-丙烯酸甲酯和四氢呋喃是不同漆饰中密度纤维板 VVOC 释放的主要组分。醇类物质是不同漆饰中密度纤维板 VVOC 释放的常见组分，其中 1,2-丙二醇的释放浓度较高，该物质常用作涂料的抗冻助剂，主要作用是提高水性涂料的抗冻性和低温稳定性，使涂料在低温下保持良好的漆膜性能。2-甲基-2-丙烯酸甲酯主要用于涂料的合成。两种不同厚度规格的漆饰中密度纤维板释放的主要 VVOC 组分大体相似，厚度对漆饰板材 VVOC 释放的影响作用并不是十分显著。水性漆涂饰中密度纤维板释放的 VVOC 种类少、质量浓度低，适合用于室内家具和其他装饰领域。

参 考 文 献

国家质量监督检验检疫总局，国家标准化管理委员会.2014. 人造板及其制品中挥发性有机化合物释放量试验方法小型释放舱法：GB/T 29899–2013. 北京：中国标准出版社.

韩健. 2014. 人造板表面装饰工艺学. 北京：中国林业出版社.

李慧芳，沈隽. 2019. 油漆涂饰刨花板苯系物分析及健康风险评价. 中南林业科技大学学报，39（8）：139-146.

李信，周定国. 2004. 人造板挥发性有机物（VOCs）的研究. 南京林业大学学报（自然科学版），28（3）：19-22.

刘铭，沈隽，王伟东，等. 2021. 饰面刨花板 VVOC 及气味释放分析. 北京林业大学学报，43（8）：117-126.

朱丽娟，陈胜，林勤保，等. 2020. 再生纸和原纸中挥发性化合物的 HS-GC-MS 鉴别及检测. 分析试验室，39（12）：1405-1411.

Chatonnet P，Dubourdieu D. 1998. Identification of substances responsible for the 'sawdust' aroma in oak wood. Journal of the Science of Food and Agriculture，76（2）：179-188.

Cullere L，de Simon B F，Cadahia E，et al. 2013. Characterization by gas chromatography-olfactometry of the most odor-active compounds in extracts prepared from acacia，chestnut，cherry，ash and oak woods. LWT-Food Science and Technology，53（1）：240-248.

EUR 17695. European Collaborative Action Indoor Air Quality and its Impact on Man (formerly Cost Project 613)-Environment and Quality of Life. ECA 19：Total volatile organic compounds (TVOC) in indoor air quality investigations.

Fagerson I S. 1969. Thermal degradation of carbohydrates：a review. Journal of Agricultural and Food Chemistry，17（4）：747-750.

Faix O，Fortmann I，Bremer J，et al. 1990. Thermal degradation products of wood—gas-chromatographic separation and mass-spectrometric characterization of monomeric lignin derived products. Holz als Roh-und Werkstoff，48：

281-285.

Karlsson S, Banhidi Z G, Albertsson A C. 1989. Gas chromatographic detection of volatile amines found in indoor air due to putrefactive degradation of casein-containing building materials. Materials and Structures, 22 (3): 163-169.

Ning S, Liu Q, Ma L, et al. 2013. Degradation of cellulose into furan derivatives in hot compressed steam. 4th International Conference on Biorefinery Towards Bioenergy.

Uhde E, Salthammer T. 2007. Impact of reaction products from building materials and furnishings on indoor air quality—a review of recent advances in indoor chemistry. Atmospheric Environment, 41 (15): 3111-3128.

Wang W, Shen J, Liu M, et al. 2022. Comparative analysis of very volatile organic compounds and odors released from decorative medium density fiberboard using gas chromatography-mass spectrometry and olfactory detection. Chemosphere, 309 (P1): 136484.

第 3 章　不同饰面人造板 VVOC 气味释放研究

人造板作为家具和室内装饰的常用材料，所释放的挥发性有机污染物和气味是影响室内人居环境的关键因素。其中，VOC 和部分 VVOC 的影响危害早已被人们熟知，而气味问题对室内环境的影响因主观性和复杂多变性一直没有得到准确鉴定。近年来，家装异味问题成为室内空气质量分析研究中的重点内容之一，难闻的异味会引起消费者的诸多抱怨和投诉，困扰和制约着消费者的选材用材。一些低气味阈值的化合物即使在释放浓度低于限定浓度的情况下仍能被人们察觉到，这严重影响居民的生活质量和身心健康。长期处在异味污染的环境中可能会刺激眼睛、皮肤、呼吸道及中枢神经系统，导致头晕、头痛、恶心、嗜睡、胸闷、晕厥、过敏瘙痒及免疫力低，还可能造成肝脏器官损伤、消化系统功能和造血系统功能性障碍等。同时异味问题还会使人们的精神状态受到不同程度的损害，容易产生烦躁不安、乏力疲劳、情绪低落异常、注意力难以集中等一系列问题。基于上述原因，有必要利用科学仪器和人体敏锐嗅觉对饰面人造板和漆饰人造板释放的异味问题进行全面分析，掌握异味物质成分及其来源，科学评判异味给人们带来的生活影响，为营造一个健康安全的室内生活环境提供指导和建议。

气味的形成是一个极其复杂的过程，特定的气味特征可能是由单个气味分子引起的，也可能是多个气味分子共同作用的结果。因此，确定引起某种气味特征轮廓的物质组成、成分和浓度大小至关重要。本章内容在前期人造板 VOC 气味研究的基础上，以室内家居装饰常用的人造板为研究对象，利用气相色谱-质谱-嗅闻（GC-MS-O）技术对不同饰面人造板释放的 VVOC 气味物质进行鉴定分析，得到不同 VVOC 气味特征化合物的特征轮廓，实现不同人造板 VVOC 气味谱图的准确鉴定和特征表达。与此同时，从释放浓度和感觉影响两方面评价材料对室内空气品质的影响，克服主观性或者客观性评价的不足，从而全面掌握饰面人造板和漆饰人造板 VVOC 气味释放的化学信息。

3.1　不同饰面人造板 VVOC 气味分析方法

3.1.1　试验材料与采样方法

本章研究使用的试验材料和采样方法同 2.1.1 节。

3.1.2　VVOC 分析方法

本章研究中有关 VVOC 分析方法的内容同 2.1.2 节。

3.1.3　气味识别方法

人类对于某些特征气味的敏感程度远远高于任何现有的物理检测仪器，即使检测仪器的检测下限可以达到 10^{-19} mol。使用 GC 或 GC-MS 结合人类嗅觉测量技术来确定化合物的气味特征是完全可以实现的。气相色谱-质谱-嗅闻（GC-MS-O）技术是将 GC-MS 的高效分离和准确鉴别能力与人类鼻子的灵敏感知相结合，从而实现化合物的分离定量和气味的识别表达。利用分析仪器检测出气味化合物的成分和浓度，再结合主观嗅觉确定单一化合物的气味类型与强度是 GC-MS-O 检测技术的一大显著优势。然而，GC-MS-O 技术也存在一定的局限性，分析结果通常受到色谱条件、样品制备方法和嗅觉端口的影响。人类嗅觉对气味的敏感性和疲劳的适应性可能会导致不同嗅觉端口对同一样品或同一嗅觉端口在不同时间获得的试验结果存在差异。因此，有必要对整个嗅闻分析过程的各个方面进行标准化，如嗅觉端口的选择和培训、取样方法、样品制备方法和 GC-O 分析方法，以提高整个气味检测过程的准确性、灵敏性、再现性和可靠性。使用 Sniffer 9100 气味检测仪（Brechbuhler AG 公司生产，瑞士）进行气味化合物鉴定识别，同时传输线需要进行加热处理，保证嗅觉端口无冷凝点且无交叉感染的现象产生，以实现气味化合物的准确分析。一个分流阀连接在气相色谱石英毛细管柱的末端，毛细管流出物被分流后，一部分气体流出物流入 MS 检测器进行识别和定量，另一部分流入嗅觉检测仪（ODP）进行感官描述评价（分流比为 1∶1）。ODP 传输线温度设置为 150℃。高纯氮气通过净化阀用作载气。在嗅闻端口持续提供潮湿空气以调节嗅觉出口的湿度，从而减少气味评估对评价人员鼻黏膜的损伤。作为气味基础分析的有效手段，GC-O 技术已经被广泛应用在食品、材料和环境等领域，主要用于化合物气味来源的鉴别和气味化学结构的分析。GC-MS-O 设备装置示意图如图 3-1 所示。

气味分析过程参照国际标准化组织标准 ISO 12219-7-2017 中的相关流程执行。通过训练与筛选，选择 5 名感官评价员（3 男 2 女，年龄为 20～30 岁，具有良好的气味识别意识，无吸烟史，无嗅觉疾病和其他过敏性鼻炎，无使用浓香化妆品及咀嚼口香糖和槟榔嗜好）组建成一个气味评价小组执行气味嗅闻工作。培训内容主要包括感官评价人员的筛选、训练、测试、试验分析和再测试训练几个方面，具体操作流程见图 3-2。

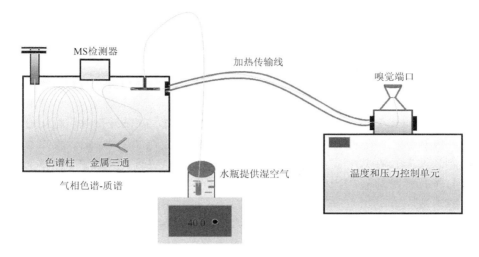

图 3-1   GC-MS-O 设备装置示意图

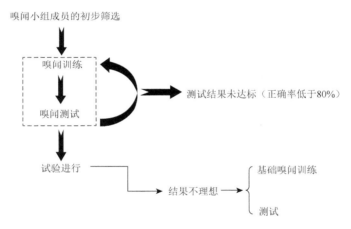

图 3-2   GC-O 气味感官评价人员检测流程示意图

1. 试验环境的具体要求

由于气味检测试验对室内空间环境要求极高,因此需要保证试验环境空气流通,同时室内环境中不应存在特殊气味、粉尘、烟雾,以免气味嗅闻试验受到干扰而造成试验结果的不准确。根据 EN 13725-2003 中的规定,试验时室内环境温度和相对湿度需要分别维持在 23℃±2℃和 40%±10%。气味检测需要拥有独立可调节的试验操作平台,避免感官评价人员在试验时受到其他外界因素的影响,同时感官评价人员应在试验开始前调整好坐姿,使其完全处于舒适状态且气味试验中应注意疲劳现象的产生。

2. 感官评价人员的筛选与培训

挑选年龄为 20～30 岁，具有良好的气味识别意识，无吸烟史，无嗅觉疾病和过敏性鼻炎等疾病，无使用浓香化妆品及咀嚼口香糖和槟榔嗜好的感官评价人员进行试验。首先配制 DPCA 标准正丁醇溶液，需要使用 4 个 1 L 容量瓶配制 2 mL/L、10 mL/L、20 mL/L、30 mL/L 四种浓度的正丁醇溶液，并贴好标签，标记好浓度大小和配制时间。配制好的正丁醇溶液需要隔热避光密封保存，最长使用有效期限不能超过 3 d。经过一定次数培训后对感官评价人员进行试验测试。测试前 1 h，准备 DPCA 标准溶液；将 100 mL±5 mL 的去离子水、2 mL/L 正丁醇溶液、10 mL/L 正丁醇溶液、20 mL/L 正丁醇溶液、30 mL/L 正丁醇溶液和 99.5%纯度的正丁醇溶液分别置入 6 个 1 L 容量的广口玻璃瓶中，同时标记好溶液名称并放置于试验间。正丁醇溶液的气味评价描述见表 3-1。一名合格的感官评价人员需具备如下条件：①能够在 10 s 内正确区分出溶液气味等级大小且正确率不得低于 80%；②故意贴错标签，调换玻璃瓶位置，让感官评价人员进行试闻，如果评价人员能够正确指出错误且正确率高于 80%，方为测试合格。感官评价人员经过上述标准程序培训后，确定专业技术合格的气味评价人员成立一个感官气味评估小组，同时利用已知气味特征的人造板制品进行试验分析。将嗅闻出来的试验结果与之前已知气味数据相比对，进一步确定正确率和重复率。

表 3-1　正丁醇溶液气味评价描述

正丁醇溶液浓度	等级分类	气味评价描述
去离子水	0 级	无任何异味，难察觉
2 ml/L	1 级	轻微察觉，强度较低
10 ml/L	2 级	可以察觉，中等强度，无刺激性气味
20 ml/L	3 级	强度较大，有刺激性气味产生
30 ml/L	4 级	强度很大，强刺激性气味产生
99.5%纯度溶液	5 级	强烈刺激性气味产生，使人无法忍受

3.1.4　GC-O 分析方法

本试验直接采用时间-强度法。当 GC 开始运行时，气味感官评价人员须将鼻子紧紧贴在 ODP 嗅觉端口上，同时记录各气味流出物的保留时间、气味类型和气味强度，同时采用指纹跨度法进一步验证试验结果。气味强度的判别方法参照日本环境部标准（1971 年）确定，共分为 6 个等级。气味特征和强度水平之间的关系如下：0 = 无气味，1 = 非常弱（勉强可察觉出气味），2 = 弱（稍可察觉出气味），3 = 中等（易察觉出气味），4 = 强（较强气味），5 = 非常强（强烈气味）。在参与 GC-O 试验前 5 h 内，禁止下列行为发生，如使用香水、浓香化妆品、除臭剂和有香味的清洁用品，咀嚼口香糖及槟榔，食用刺激性食物和饮料等，以免影响试验结果。每一个试验样品的嗅闻时间最长不能超过 30 min，防止评价人员产生嗅觉疲劳。至少有两名气味评估人员在相同的保留时间描述相同的气味特征时，其结果可作为试验数据使用。最终的气味强度值为感官评价结果的平均值。在 GC-O 分析鉴定的基础上，通过质谱数据对比分析、气味文献查阅和计算保留指数等方法确定气味化合物的最终特征。气味特征化合物的保留指数（RI）根据同源系列正构烷烃（$C_7 \sim C_{30}$）在相同色谱条件下的保留时间计算得到，具体公式如下：

$$RI = 100z + 100[TR(x)-TR(z)]/[TR(z+1)-TR(z)]$$

式中：TR(x)、TR(z)、TR($z+1$)分别代表组分及碳数为 z、$z+1$ 正构烷烃的保留时间。即通过化合物与相同条件下系列前后正构烷烃的保留时间计算得到保留指数，存在以下关系：TR(z)＜TR(x)＜TR($z+1$)。

3.2　不同饰面中密度纤维板 VVOC 气味释放分析

3.2.1　8/18 mm 中密度纤维板素板 VVOC 气味释放分析

气味化合物的组成极其复杂，各种气味化合物之间具有相互作用。特定的气味可能是由单个分子引起，也可能是多个分子共同作用的结果。因此，确定引起某种气味的物质的组成、成分和浓度至关重要，同时也需要建立气味特征和感官评价之间的某种关系，从而科学准确地分析气味特征化合物所带来的影响。当多种气味特征化合物混合在一起时，共有四种相互作用影响总气味强度，分别是融合效应、协同作用、拮抗作用和无关效应。融合效应是气味研究中常用的分析方法，其气味总强度等于两种气味强度之和；在协同作用下，气味总强度高于两种气味强度之和；在拮抗作用下，气味总强度低于两种气味强度的和；而对于无关效应，气味总强度主要由某种特定气味化合物的气味强度决定。考虑到各种气味特征化合物之间相互作用的复杂性，本研究中气味特征化合物之间的作用效果将采用融合效应，以此来评判该气味特征带来的影响。

利用 GC-MS-O 技术对 8/18 mm 中密度纤维板素板释放的 VVOC 气味组分进行分析，得到板材 VVOC 气味释放的特征性信息，具体见表 3-2。图 3-3 为 8/18 mm 中密度纤维板素板 VVOC 气味强度-保留时间谱图。通过 GC-O 技术和保留指数分析，在 8/18 mm 中密度纤维板素板中分别检测到 8 种和 7 种 VVOC 组分，其中气味特征化合物各 5 种，分别是丙酮、乙醇、乙酸乙酯、四氢呋喃和 1-丁醇。由

图 3-3 可以发现，8/18 mm 中密度纤维板素板中释放的 VVOC 气味化合物的保留时间均在 10 min 内，而在其他保留时间未检测到 VVOC 气味组分的存在。换言之，根据沸点、分子量和分子结构的不同，具有低分子量的 VVOC 气味化合物一般先从色谱柱中流出，随后被气味感官评价人员察觉识别。酯类 VVOC 中的乙酸乙酯在 5.5 min 左右达到最大的气味强度值，为 2.6，其次为乙醇，气味强度为 2.5。两种厚度规格中密度纤维板素板释放的 VVOC 气味特征化合物总体强度不高，趋于中等偏下的等级水平。

表 3-2　8/18 mm 中密度纤维板素板 VVOC 气味特征化合物

序号	化合物	分子式	保留时间/min	保留指数	气味特征	气味强度	
						8 mm	18 mm
1	丙酮	C_3H_6O	3.54	<600	辛辣，刺激性	1.8	2.3
2	乙醇	C_2H_6O	4.18	<600	酒香	2.2	2.5
3	乙酸乙酯	$C_4H_8O_2$	5.49	<600	果香	1.9	2.6
4	四氢呋喃	C_4H_8O	6.09	627	果香、醚样	1.1	1.8
5	1-丁醇	$C_4H_{10}O$	6.53	647	酒香、甜香	0.8	1.2

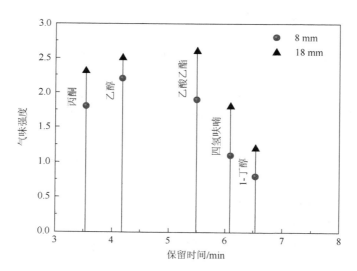

图 3-3　8/18 mm 中密度纤维板素板 VVOC 气味强度-保留时间谱图

根据感官评价人员的鉴定结果，共得到 2 种醇类 VVOC 气味特征化合物（乙醇、1-丁醇）、1 种酮类 VVOC 气味特征化合物（丙酮）、1 种酯类 VVOC 气味特征化合物（乙酸乙酯）和 1 种醚类气味特征化合物（四氢呋喃）。在这些 VVOC

气味特征化合物中，乙醇呈现酒香气味，这与之前研究报道的酒香特征和 CAMEO 化学品危险材料数据库中的气味相一致，NIOSH 也曾经报道过其具有飘逸的酒香特征。1-丁醇呈现酒香和甜香的气味特征。丙酮具有辛辣、刺激性的气味特征，这与 O'Neil 之前的研究相一致，也有研究同时指出丙酮表现出轻微果香的气味特征。乙酸乙酯表现为果香，与 Buettner 等对西柚气味物质的报道保持一致，也与 Fahlbusch 等气味的鉴定结果相吻合。四氢呋喃呈现出果香和醚样的气味特征，NIOSH 也曾报道了其具有果香的气味特性。可以发现，同一种 VVOC 组分可能呈现出不同的气味特征，这不仅与其组分浓度和气味阈值密切相关，还与物质存在的媒介相关联。当化合物浓度和媒介发生改变时，同一物质可能会出现其他的气味特征。有相关研究表明，一种物质的气味强度与其化合物浓度的对数呈正比关系，即 $OI = k\log C$。此外，由于 GC-MS 设置参数的不同，同一物质的保留指数可能不同，这些问题在气味鉴定过程中也需要一并考虑。

基于感官评价人员的气味识别结果，将中密度纤维板素板释放的 VVOC 气味特征分为以下 5 类，分别为酒香、果香、辛辣、甜香和醚样气味。图 3-4 为 8/18 mm 中密度纤维板素板 VVOC 气味特征轮廓谱图。从图 3-4 中可以清晰看出，酒香和果香是 8 mm 中密度纤维板素板的主要气味特征轮廓，二者的气味强度均达到了 3.0，对板材整体气味特征轮廓表达起着决定性作用，是板材气味特征轮廓的主要贡献者。辛辣刺激性气味（1.8）对板材整体气味特征轮廓起重要辅助修饰作用。而甜香和醚样气味的强度不高，分别为 0.8 和 1.1，对板材整体气味特征轮廓谱图的表达贡献较小。

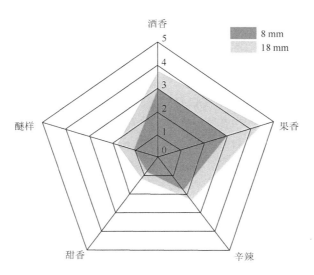

图 3-4　8/18 mm 中密度纤维板素板 VVOC 气味特征轮廓谱图

果香是 18 mm 中密度纤维板素板主要的气味特征轮廓，气味强度为 4.4，对板材整体气味特征轮廓表达起着决定性作用，是整体气味特征轮廓的主要贡献者。酒香的气味强度为 3.7，对板材气味特征轮廓的形成起着重要的调控作用，也是整体气味特征轮廓谱图表达的重要贡献者。此外，辛辣刺激性和醚样气味的强度保持在 2.0 左右，对板材整体气味的形成起到补充的作用。甜香的气味强度最低，为 1.2，对板材整体气味特征轮廓的影响作用较小。

18 mm 中密度纤维板的气味特征轮廓分布与 8 mm 中密度纤维板完全相同，只是气味特征轮廓大小存在差别。果香和酒香是两种厚度规格的中密度纤维板的主要气味特征轮廓，当板材厚度增加时，气味特征轮廓分布未发生明显改变，只是气味强度稍有增强。厚度会在一定程度上影响中密度纤维板素板 VVOC 和气味的释放。酯类和醇类 VVOC 是 8/18 mm 中密度纤维板素板的主要气味释放来源，它们一方面可能来自木材碳水化合物和脂质的降解，另一方面可能来自胶黏剂和其他助剂添加剂的使用。此外，高温热压过程中木材纤维素和半纤维素的复杂化学变化及热降解反应均可产生酯类和醚类 VVOC，这也是中密度纤维板素板 VVOC 气味释放的主要来源。中密度纤维板素板 VVOC 气味释放的主要贡献物质为乙酸乙酯、四氢呋喃、乙醇和 1-丁醇，同时这些物质也是板材 VVOC 浓度较高的组分。

3.2.2 8/18 mm 三聚氰胺浸渍胶膜纸饰面中密度纤维板 VVOC 气味释放分析

利用 GC-MS-O 技术对 8/18 mm 三聚氰胺浸渍胶膜纸饰面中密度纤维板释放的 VVOC 气味组分进行鉴别分析，得到板材 VVOC 气味释放的特征信息，具体见表 3-3。图 3-5 为 8/18 mm 三聚氰胺浸渍胶膜纸饰面中密度纤维板 VVOC 气味强度-保留时间谱图。通过 GC-O 和保留指数分析，在两种厚度三聚氰胺浸渍胶膜纸饰面中密度纤维板中分别检测到 7 种和 8 种 VVOC 组分，其中气味特征化合物分别有 4 种和 5 种，它们是丙酮、乙醇、乙酸乙酯、四氢呋喃和乙酸。可以发现，8/18 mm 三聚氰胺浸渍胶膜纸饰面中密度纤维板释放的 VVOC 气味特征化合物的强度较低，最大气味强度为 1.8，且气味化合物的保留时间均在 10 min 内。大多数 VVOC 气味特征化合物的强度较弱，勉强可被感官评价人员察觉，未发现气味强度更高的 VVOC 组分。此外，在两种厚度规格的三聚氰胺浸渍胶膜纸饰面中密度纤维板中检测到醋香气味的存在，气味强度分别为 1.5 和 1.8。

表 3-3　8/18 mm 三聚氰胺浸渍胶膜纸饰面中密度纤维板 VVOC 气味特征化合物

序号	化合物	分子式	保留时间/min	保留指数	气味特征	气味强度 8 mm	18 mm
1	丙酮	C_3H_6O	3.54	<600	辛辣、刺激性	1.4	1.5
2	乙醇	C_2H_6O	4.18	<600	酒香	1.0	1.2
3	乙酸乙酯	$C_4H_8O_2$	5.49	<600	果香	0.9	1.8
4	四氢呋喃	C_4H_8O	6.09	627	果香、醚样	—	0.8
5	乙酸	C_2H_4O	4.48	<600	醋香	1.5	1.8

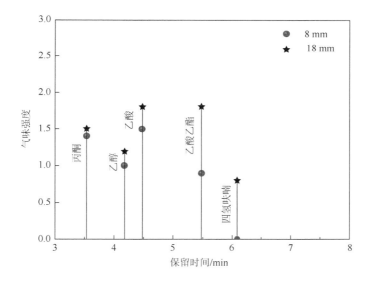

图 3-5　8/18 mm 三聚氰胺浸渍胶膜纸饰面中密度纤维板 VVOC 气味强度-保留时间谱图

　　基于感官评价人员的气味鉴定结果,将两种厚度规格三聚氰胺浸渍胶膜纸饰面中密度纤维板释放的 VVOC 气味特征分为以下 5 类,分别是酒香、果香、辛辣、醋香和醚样气味。图 3-6 为 8/18 mm 三聚氰胺浸渍胶膜纸饰面中密度纤维板 VVOC 气味特征轮廓谱图。从图 3-6 中可以看出,醋香是 8 mm 三聚氰胺浸渍胶膜纸饰面中密度纤维板释放的主要气味特征,强度为 1.5,对板材的整体气味特征轮廓起着重要的修饰作用,其次为辛辣(1.4)和酒香(1.0)。8 mm 三聚氰胺浸渍胶膜纸饰面中密度纤维板的气味强度不高,总体呈现出一种混合香的气味特征轮廓。酸类 VVOC 和酮类 VVOC 是 8 mm 三聚氰胺浸渍胶膜纸饰面中密度纤维板主要的气味来源,乙酸和丙酮是最主要的气味贡献组分。丙酮作为常见的有机溶剂,可被用作高温高压后板材边缘残留胶黏剂的重要清洗剂。乙酸在中密度纤维板素板 VVOC 组分中未被检测出来，因此推测其主要来自三聚氰胺浸渍胶膜纸贴面材料及其使用的胶黏剂或在贴面时通过复杂化学反应产生。仅有 7.0 μg/m³ 左右的乙酸组分是 8 mm 三聚氰胺浸渍胶膜纸饰面中密度纤维板的主要气味贡献者，这也说明了不同种气味特征化合物的气味强度与其浓度大小无直接关联性，但同种物质的浓度大小会在一定程度上影响气味特征化合物的气味强度，如 8 mm 板材乙酸乙酯的释放浓度为 17.59 μg/m³，气味强度为 0.9；18 mm 板材乙酸乙酯释放浓度为 23.21 μg/m³，气味强度为 1.8。尽管二者浓度差值仅为 5.62 μg/m³，但它们的气味强度却增加 1 倍。

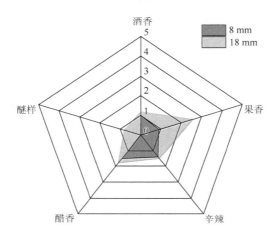

图 3-6　8/18 mm 三聚氰胺浸渍胶膜纸饰面中密度纤维板 VVOC 气味特征轮廓谱图

18 mm 三聚氰胺浸渍胶膜纸饰面中密度纤维板释放的主要气味特征包括果香、醋香和辛辣，其中果香是最主要的气味特征轮廓，气味强度为 2.6，对板材的整体气味形成具有重要的主导性作用，其次为醋香（1.8）和辛辣（1.5），二者对板材整体气味特征轮廓的表达起到相互补充的作用。18 mm 三聚氰胺浸渍胶膜纸饰面中密度纤维板呈现出以果香为主，醋香和辛辣为辅的气味特征轮廓。酯类 VVOC 和醚类 VVOC 是 18 mm 三聚氰胺浸渍胶膜纸饰面中密度纤维板气味释放的主要贡献者。乙酸乙酯和四氢呋喃是主要的气味贡献物质，二者均可能来自板材热压时纤维素组分的复杂化学反应，部分也可能来自胶黏剂的使用。

两种厚度规格的三聚氰胺浸渍胶膜纸饰面中密度纤维板的 VVOC 气味特征轮廓存在明显差异。8 mm 三聚氰胺浸渍胶膜纸饰面中密度纤维板呈现出以混合香为主的气味特征轮廓，而 18 mm 三聚氰胺浸渍胶膜纸饰面中密度纤维板呈现出以果香气味为主的特征轮廓。板材经贴面装饰处理后，随厚度增加，板材的气味特征轮廓会发生改变，但总体气味类型令人感觉愉悦。厚度会在一定程度上影响三聚氰胺浸渍胶膜纸饰面中密度纤维板 VVOC 气味特征轮廓的特征表达。

3.2.3　8/18 mm PVC 饰面中密度纤维板 VVOC 气味释放分析

利用 GC-MS-O 技术对 8/18 mm PVC 饰面中密度纤维板释放的 VVOC 气味组分进行鉴别分析，得到板材 VVOC 气味释放的特征信息，具体见表 3-4。图 3-7 为 8/18 mm PVC 饰面中密度纤维板 VVOC 气味强度-保留时间谱图。通过 GC-O 和保留指数分析，在 8/18 mm PVC 饰面中密度纤维板中分别检测到 4 种气味特征化合物。可以发现，8/18 mm PVC 饰面中密度纤维板释放的 VVOC 气味特征化合物均在 10 min 内被识别，其强度处于中等级别，最大气味强度为 2.2，未发现气味强度更高的 VVOC 组分。此外，在 8 mm PVC 饰面中密度纤维板中鉴别得到了二氯甲烷的气味特征，其表现为甜香，而在 18 mm PVC 饰面中密度纤维板中感官评价人员未识别到二氯甲烷的甜香气味特征。

表 3-4　8/18 mm PVC 饰面中密度纤维板 VVOC 气味特征化合物

序号	化合物	分子式	保留时间/min	保留指数	气味特征	气味强度	
						8 mm	18 mm
1	丙酮	C_3H_6O	3.54	<600	辛辣、刺激性	1.7	2.2
2	乙醇	C_2H_6O	4.18	<600	酒香	1.1	1.8
3	乙酸乙酯	$C_4H_8O_2$	5.49	<600	果香	1.5	2.2
4	四氢呋喃	C_4H_8O	6.09	627	果香、醚样	—	0.9
5	二氯甲烷	CH_2Cl_2	5.01	<600	甜香	2.0	—

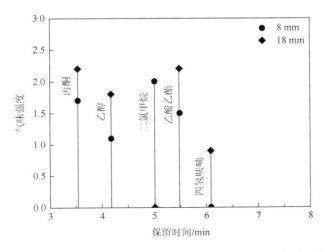

图 3-7　8/18 mm PVC 饰面中密度纤维板 VVOC 气味强度-保留时间谱图

基于感官评价人员的气味识别结果，将两种厚度规格的 PVC 饰面中密度纤维板释放的 VVOC 气味特征分为以下 5 类，分别是酒香、果香、辛辣、甜香和醚样气味。图 3-8 为 8/18 mm PVC 饰面中密度纤维板 VVOC 气味特征轮廓谱图。从图 3-8 中可以看出，甜香气味是 8 mm PVC 饰面中密度纤维板的主要气味特征轮廓，气味强度为 2.0，对板材的整体气味形成具有决定性作用，其次为辛辣和果香，气味强度分别为 1.7 和 1.5，二者对板材的整体气味特征轮廓具有基础性功能修饰作用。8 mm PVC 饰面中密度纤维板总体呈现出混合香的气味特征轮廓。烷烃、酮类和酯类是 8 mm PVC 饰面中密度纤维板 VVOC 释放的主要气味来源，二氯甲烷、丙酮和乙酸乙酯是气味特征的主要贡献物质。

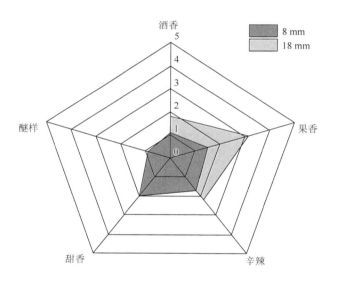

图 3-8　8/18 mm PVC 饰面中密度纤维板 VVOC 气味特征轮廓谱图

果香是 18 mm PVC 饰面中密度纤维板的主要气味特征，气味强度为 3.1。辛辣和酒香的气味强度均保持在 2.0 左右，对板材整体气味特征轮廓起到基础性功能修饰的作用。酯类、酮类和醇类是 18 mm PVC 饰面中密度纤维板 VVOC 气味释放的主要来源，乙酸乙酯、丙酮和乙醇是主要的气味贡献物质。

板材厚度由 8 mm 增加到 18 mm，PVC 饰面中密度纤维板 VVOC 气味特征化合物的强度增强，同时气味特征由混合香转变为果香，整体气味特征轮廓令人满意。酮类和酯类是两种厚度规格板材 VVOC 气味特征化合物的主要释放来源，乙酸乙酯和丙酮是两种厚度规格板材 VVOC 气味释放的主要贡献物质。

3.3　不同饰面刨花板 VVOC 气味释放分析

3.3.1　8/18 mm 刨花板素板 VVOC 气味释放分析

利用 GC-MS-O 技术对 8/18 mm 刨花板素板释放的 VVOC 气味组分进行鉴别分析,得到板材 VVOC 气味释放的基本特征信息,具体见表 3-5。图 3-9 为 8/18 mm 刨花板素板 VVOC 气味强度-保留时间谱图。可以看出,8/18 mm 刨花板素板分别被识别到 7 种和 9 种 VVOC 气味特征化合物,它们是丙酮、乙醇、乙酸乙酯、乙酸、四氢呋喃、1-丁醇、3-甲基-2(5H)-呋喃酮、1,4-二噁烷和二氯甲烷。在上述 VVOC 气味特征化合物中,只有一种 VVOC 气味特征化合物[3-甲基-2(5H)-呋喃酮]的保留时间超过 20 min,其他 VVOC 气味特征化合物的保留时间均在 10 min 内。8 mm 刨花板素板和 18 mm 刨花板素板 VVOC 气味强度最大的组分为四氢呋喃和 1-丁醇,二者的气味强度分别为 2.7 和 3.6。

表 3-5　8/18 mm 刨花板素板 VVOC 气味特征化合物

序号	化合物	分子式	保留时间/min	保留指数	气味特征	气味强度	
						8 mm	18 mm
1	丙酮	C_3H_6O	3.54	<600	辛辣	2.2	2.8
2	乙醇	C_2H_6O	4.18	<600	香味	1.5	2.3
3	乙酸乙酯	$C_4H_8O_2$	5.49	<600	甜香	1.8	2.1
4	乙酸	C_2H_4O	4.49	4.49	酸味	1.4	2.9
5	四氢呋喃	C_4H_8O	6.10	627	香味	2.7	3.2
6	3-甲基-2(5H)-呋喃酮	$C_5H_6O_2$	20.29	957	香味	1.2	1.5
7	1-丁醇	$C_4H_{10}O$	6.55	648	甜香	2.6	3.6
8	1,4-二噁烷	$C_4H_8O_2$	8.04	707	香味	—	1.2
9	二氯甲烷	CH_2Cl_2	5.02	<600	香味	—	2.0

根据感官评价人员的气味鉴定结果和板材 VVOC 的整体释放情况,将 VVOC 气味特征划分为以下 4 类,分别是香味、甜香、酸味和辛辣。图 3-10 为 8/18 mm 刨花板素板 VVOC 气味特征轮廓谱图。从图 3-10 中可以看出,香味和甜香作为 8 mm 刨花板素板 VVOC 释放的主要气味特征,气味强度分别为 5.4 和 4.4,二者对板材整体气味形成具有决定性作用。辛辣的气味强度为 2.2,对板材气味特征轮廓的构成起主要修饰作用。醚类、醇类和酯类是 8 mm 刨花板素板 VVOC 气味

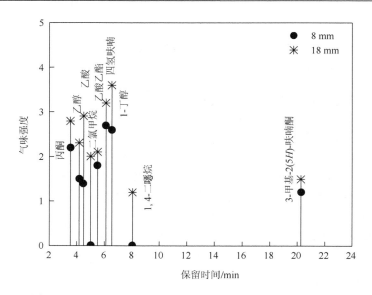

图 3-9 8/18 mm 刨花板素板 VVOC 气味强度-保留时间谱图

释放的主要来源，四氢呋喃、乙醇、1-丁醇和乙酸乙酯是主要的气味贡献物质。同样可以发现，香味也是 18 mm 刨花板素板 VVOC 气味释放的主要特征轮廓，气味强度为 10.2，其次为甜香，气味强度为 5.7。这两种气味特征是 18 mm 厚度刨花板素板的主要特征轮廓。醚类、醇类、酯类和烷烃类是 18 mm 刨花板素板 VVOC 气味释放的主要来源，四氢呋喃、乙醇、1-丁醇和二氯甲烷是主要的气味贡献物质。

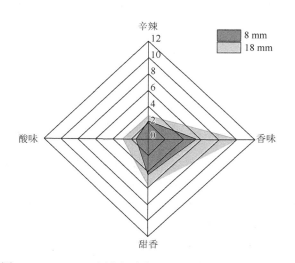

图 3-10 8/18 mm 刨花板素板 VVOC 气味特征轮廓谱图

8 mm 刨花板素板与 18 mm 刨花板素板 VVOC 的气味特征完全相同,只是轮廓大小存在较大差别。18 mm 刨花板素板 VVOC 的气味特征轮廓明显大于 8 mm 刨花板素板的气味特征轮廓。香味和甜香是两种厚度规格板材的主要气味类型。板材厚度由 8 mm 增加到 18 mm,刨花板素板的气味特征无显著改变,而气味强度则得到明显增强。厚度对于刨花板素板 VVOC 气味释放的影响只表现在气味强度上,而不影响其气味类型。

3.3.2　8/18 mm 三聚氰胺浸渍胶膜纸饰面刨花板 VVOC 气味释放分析

利用 GC-MS-O 技术对 8/18 mm 三聚氰胺浸渍胶膜纸饰面刨花板释放的 VVOC 气味组分进行鉴别分析,得到板材 VVOC 气味释放的特征信息,具体见表 3-6。图 3-11 为 8/18 mm 三聚氰胺浸渍胶膜纸饰面刨花板 VVOC 气味强度-保留时间谱图。从图 3-11 中可以看出,8/18 mm 三聚氰胺浸渍胶膜纸饰面刨花板分别识别到 5 种和 6 种 VVOC 气味特征化合物,它们是丙酮、乙醇、乙酸乙酯、乙酸、四氢呋喃、1-丁醇。上述所有 VVOC 气味特征化合物中的保留时间均在 10 min 内。8 mm 三聚氰胺浸渍胶膜纸饰面刨花板和 18 mm 三聚氰胺浸渍胶膜纸饰面刨花板 VVOC 气味特征的最强组分均为丙酮,气味强度分别为 2.5 和 3.5。

表 3-6　8/18 mm 三聚氰胺浸渍胶膜纸饰面刨花板 VVOC 气味特征化合物

序号	化合物	分子式	保留时间/min	保留指数	气味特征	气味强度	
						8 mm	18 mm
1	丙酮	C_3H_6O	3.54	<600	辛辣	2.5	3.5
2	乙醇	C_2H_6O	4.18	<600	香味	2.0	3.0
3	乙酸乙酯	$C_4H_8O_2$	5.49	<600	甜香	2.1	3.2
4	乙酸	C_2H_4O	4.49	4.49	酸味	—	2.5
5	四氢呋喃	C_4H_8O	6.10	627	香味	2.4	2.6
6	1-丁醇	$C_4H_{10}O$	6.55	648	甜香	1.5	2.6

根据感官评价人员的试验鉴定结果和板材 VVOC 气味特征整体情况,将 VVOC 气味特征划分为以下 4 类,分别是香味、甜香、酸味和辛辣。图 3-12 为 8/18 mm 三聚氰胺浸渍胶膜纸饰面刨花板 VVOC 气味特征轮廓谱图。从图 3-12 中可以看出,8 mm 三聚氰胺浸渍胶膜纸饰面刨花板的主要气味特征轮廓包括辛辣、香味和甜香,其中香味是板材 VVOC 特征气味的主要类型,气味强度为 4.4,其次为甜香气味,气味强度为 3.6,二者构成板材的主要气味特征轮廓,对整体气

味的形成具有决定性作用。醚类、醇类和酯类是 8 mm 三聚氰胺浸渍胶膜纸饰面刨花板 VVOC 气味释放的主要来源，四氢呋喃、乙醇、1-丁醇和乙酸乙酯是主要的气味贡献物质。

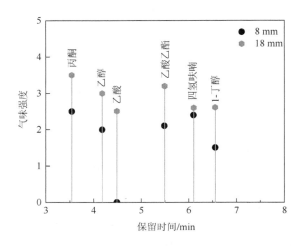

图 3-11　8/18 mm 三聚氰胺浸渍胶膜纸饰面刨花板 VVOC 气味强度-保留时间谱图

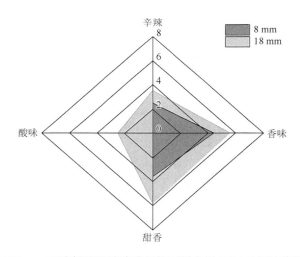

图 3-12　8/18 mm 三聚氰胺浸渍胶膜纸饰面刨花板 VVOC 气味特征轮廓谱图

同样，甜香和香味是 18 mm 三聚氰胺浸渍胶膜纸饰面刨花板 VVOC 气味释放的主要特征轮廓，气味强度分别为 5.8 和 5.6，这两种气味特征作为板材 VVOC 气味释放的主体轮廓，对整体气味形成具有引导性作用。辛辣气味对板材气味特征轮廓形成具有重要基础修饰功能，其气味强度为 3.5。甜香、香味和辛辣三种气味特征构成了 18 mm 三聚氰胺浸渍胶膜纸饰面刨花板的整体气味特征轮廓。醇类、醚类、酯类和酮类是 18 mm 三聚氰胺浸渍胶膜纸饰面刨花板 VVOC 气味释放的主要来源，乙醇、1-丁醇、四氢呋喃、乙酸乙酯和丙酮是主要的 VVOC 气味贡献物质。

　　8 mm 与 18 mm 的三聚氰胺浸渍胶膜纸饰面刨花板主要 VVOC 气味特征轮廓相同，均为甜香、香味和辛辣三种气味特征，但在 18 mm 三聚氰胺浸渍胶膜纸饰面刨花板中鉴别到酸味的存在，这主要归因为乙酸组分的存在。乙酸作为一种低分子量的有机化合物，是典型的脂肪酸，被公认为酸味和刺激性气味的主要来源，同时也是人造板产生异味的根源之一。人造板中的乙酸组分主要由木材半纤维素中乙酰基的水解以及纤维素的酸性水解反应产生。厚度由 8 mm 增加到 18 mm，三聚氰胺浸渍胶膜纸饰面刨花板的气味类型增多，板材气味特征轮廓表达更加丰富，同时气味强度得到明显增强。厚度对三聚氰胺浸渍胶膜纸饰面刨花板 VVOC 气味释放的影响不仅仅表现在气味类型上，同样也表现在气味强度上。

3.3.3　8/18 mm PVC 饰面刨花板 VVOC 气味释放分析

　　利用 GC-MS-O 技术对 8/18 mm PVC 饰面刨花板释放的 VVOC 气味组分进行鉴别分析，得到板材 VVOC 气味释放的特征信息，具体见表 3-7。图 3-13 为 8/18 mm PVC 饰面刨花板 VVOC 气味强度-保留时间谱图。从图 3-13 中可以看出，8/18 mm PVC 饰面刨花板分别识别到 4 种和 6 种 VVOC 气味特征化合物，它们是丙酮、乙醇、乙酸乙酯、四氢呋喃、1-丁醇和二氯甲烷。上述所有 VVOC 气味特征化合物中的保留时间均在 10 min 内。8 mm PVC 饰面刨花板和 18 mm PVC 饰面刨花板 VVOC 气味强度最大的组分分别为乙醇和乙酸乙酯，气味强度分别为 2.3 和 2.7。

表 3-7　8/18 mm PVC 饰面刨花板 VVOC 气味特征化合物

序号	化合物	分子式	保留时间/min	保留指数	气味特征	气味强度	
						8 mm	18 mm
1	丙酮	C_3H_6O	3.54	<600	辛辣	1.5	1.7
2	乙醇	C_2H_6O	4.18	<600	香味	2.3	1.0
3	乙酸乙酯	$C_4H_8O_2$	5.49	<600	甜香	—	2.7
4	四氢呋喃	C_4H_8O	6.10	627	香味	2.0	2.5
5	1-丁醇	$C_4H_{10}O$	6.55	648	甜香	1.3	1.9
6	二氯甲烷	CH_2Cl_2	5.02	<600	香味	—	1.5

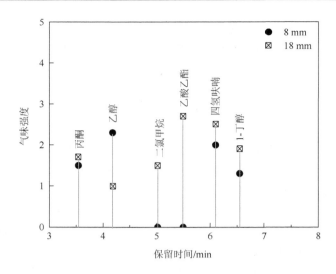

图 3-13　8/18 mm PVC 饰面刨花板 VVOC 气味强度-保留时间谱图

　　根据感官评价人员的试验结果和板材 VVOC 气味特征鉴定情况，将 VVOC 气味特征划分为以下 3 类，分别是香味、甜香和气味。图 3-14 为 8/18 mm PVC 饰面刨花板 VVOC 气味特征轮廓谱图。从图 3-14 中可以看出，8 mm 厚度 PVC 饰面刨花板的主要气味特征轮廓包括辛辣、香味和甜香，其中香味是板材最主要的气味特征轮廓，气味强度为 4.3，其次为辛辣气味（1.5）和甜香气味（1.3）。这三种基本特征构成 8 mm PVC 饰面刨花板 VVOC 气味释放的轮廓结构。醇类 VVOC 和醚类 VVOC 是 8 mm PVC 饰面刨花板的主要气味来源，乙醇、1-丁醇和四氢呋喃是主要的 VVOC 气味贡献物质。

　　香味和甜香气味是 18 mm PVC 饰面刨花板 VVOC 气味释放的主要特征轮廓，气味强度分别为 5.0 和 4.6。这两种令人愉悦的气味特征轮廓作为板材 VVOC 气味释放的主体特征，对整体气味形成具有直接的决定性作用。辛辣气味的强度较低，为 1.7，对板材的整体气味特征轮廓影响较小。醇类、酯类、醚类和烷烃是主要的气味释放来源，四氢呋喃、乙酸乙酯、1-丁醇和二氯甲烷是主要的 VVOC 气味贡献物质。8 mm PVC 饰面刨花板和 18 mm PVC 饰面刨花板 VVOC 气味特征轮廓不同，但总体令人愉悦。18 mm PVC 饰面刨花板 VVOC 气味特征轮廓明显大于 8 mm PVC 饰面刨花板的气味特征轮廓。板材厚度由 8 mm 增加到 18 mm，PVC 饰面刨花板 VVOC 气味特征发生改变，气味强度得到明显增强。厚度对 PVC 饰面刨花板 VVOC 气味释放的影响不但表现在气味类型上，而且也表现在气味强度上。

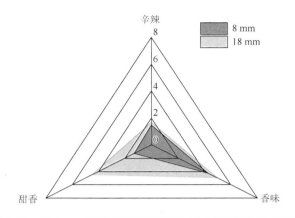

图 3-14　8/18 mm PVC 饰面刨花板 VVOC 气味特征轮廓谱图

3.4　不同漆饰中密度纤维板 VVOC 气味释放分析

3.4.1　8/18 mm 聚氨酯漆涂饰中密度纤维板 VVOC 气味释放分析

利用 GC-MS-O 技术对 8/18 mm 聚氨酯漆涂饰中密度纤维板释放的 VVOC 气味组分进行鉴别分析，得到板材 VVOC 气味释放的基本特征信息，具体见表 3-8。图 3-15 为 8/18 mm 聚氨酯漆涂饰中密度纤维板 VVOC 气味强度-保留时间谱图。从图 3-15 中可以看出，8/18 mm 聚氨酯漆涂饰中密度纤维板分别有 5 种 VVOC气味特征化合物被识别，它们是乙醇、乙酸乙酯、2-甲基-2-丙烯酸甲酯、四氢呋喃和 N, N-二甲基甲酰胺。上述多数 VVOC 气味特征化合物中的保留时间均在10 min 内，只有 N, N-二甲基甲酰胺的保留时间超过 10 min，在 11.30 min 被感官评价人员识别。8/18 mm 聚氨酯漆涂饰中密度纤维板 VVOC 气味化合物的整体强度不高，趋于中等强度级别。气味强度最大的组分为乙酸乙酯和四氢呋喃，二者的气味强度均为 2.5。

表 3-8　8/18 mm 聚氨酯漆涂饰中密度纤维板 VVOC 气味特征化合物

序号	化合物	分子式	保留时间/min	保留指数	气味特征	气味强度	
						8 mm	18 mm
1	乙醇	C_2H_6O	4.18	<600	酒香	1.8	2.0
2	乙酸乙酯	$C_4H_8O_2$	5.49	<600	果香	2.5	2.4
3	2-甲基-2-丙烯酸甲酯	$C_5H_8O_2$	7.74	701	辛辣、刺激性	2.2	2.1
4	四氢呋喃	C_4H_8O	6.10	627	果香	2.4	2.5
5	N, N-二甲基甲酰胺	C_3H_7NO	11.30	777	鱼腥	1.5	1.9

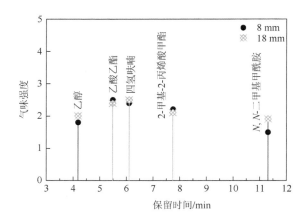

图 3-15　8/18 mm 聚氨酯漆饰中密度纤维板 VVOC 气味强度-保留时间谱图

在两种厚度规格聚氨酯漆涂饰中密度纤维板 VVOC 组分中分别鉴定出 2-甲基-2-丙烯酸甲酯和 N, N-二甲基甲酰胺两种气味组分，二者的气味特征分别为辛辣和鱼腥气味。根据感官评价人员的试验结果和板材 VVOC 气味释放的整体情况，将聚氨酯漆饰中密度纤维板 VVOC 气味特征划分为以下 5 类，分别是酒香、果香、辛辣、醚样和鱼腥气味。图 3-16 为 8/18 mm 聚氨酯漆涂饰中密度纤维板 VVOC 气味特征轮廓谱图。从图 3-16 中可以发现，果香是 8 mm 聚氨酯漆涂饰中密度纤维板 VVOC 气味释放的主要特征轮廓，气味强度为 4.9，其次为醚样气味和辛辣气味，气味强度分别为 2.4 和 2.2。这三种气味特征构成 8 mm 聚氨酯漆涂饰中密度纤维板的整体气味特征轮廓。醚类和酯类是 8 mm 厚度聚氨酯漆涂饰中密度纤维板 VVOC 气味释放的主要来源，四氢呋喃、乙酸乙酯和 2-甲基-2-丙烯酸甲酯是 VVOC 气味释放的主要贡献物质。

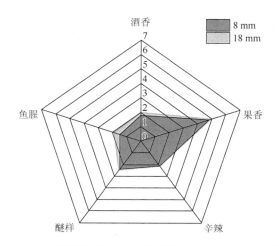

图 3-16　8/18 mm 聚氨酯漆饰中密度纤维板 VVOC 气味特征轮廓谱图

同样可以发现，果香是 18 mm 聚氨酯漆涂饰中密度纤维板的主要气味特征轮廓，气味强度为 4.9，对板材整体气味特征轮廓表达具有决定性作用。其次为辛辣和酒香，气味强度分别为 2.1 和 2.0，二者对板材的整体气味特征轮廓具有辅助性贡献。醚类、酯类和醇类是 18 mm 聚氨酯漆涂饰中密度纤维板 VVOC 气味释放的主要来源，四氢呋喃、乙酸乙酯、2-甲基-2-丙烯酸甲酯和乙醇是主要的气味贡献物质。

两种厚度规格的聚氨酯漆饰中密度纤维板释放的 VVOC 气味特征轮廓完全相同，果香均是两种厚度板材的主要气味特征轮廓。厚度由 8 mm 增加到 18 mm，聚氨酯漆涂饰中密度纤维板的 VVOC 气味类型和气味强度均未发生明显改变，厚度对聚氨酯漆饰中密度纤维板 VVOC 气味释放的影响不是十分明显。在两种厚度规格的聚氨酯漆涂饰中密度纤维板 VVOC 气味特征轮廓中同时识别到鱼腥气味的存在，这主要归因于 N,N-二甲基甲酰胺的存在。N,N-二甲基甲酰胺作为一种低分子量的胺类化合物，具有的刺激性不良气味可能是室内空气中"异味"的产生根源之一。该物质可能是由二甲基乙醇胺（可能还有微量的二甲胺）和甲酸发生化学反应产生的，二甲基乙醇胺通常用来调整漆膜的平整度以提高漆膜的质量。

3.4.2 8/18 mm 水性漆涂饰中密度纤维板 VVOC 气味释放分析

利用 GC-MS-O 技术对 8/18 mm 水性漆涂饰中密度纤维板释放的 VVOC 气味组分进行鉴别分析，得到板材 VVOC 气味释放的基本特征信息，具体见表 3-9。图 3-17 为 8/18 mm 水性漆涂饰中密度纤维板 VVOC 气味强度-保留时间谱图。从图 3-17 中可以看出，8/18 mm 水性漆涂饰中密度纤维板分别有 3 种和 5 种 VVOC 气味特征化合物被识别，它们是乙醇、乙酸乙酯、2-甲基-2-丙烯酸甲酯、四氢呋喃和乙醛。上述多数 VVOC 气味特征化合物中的保留时间均在 10 min 内。8/18 mm 水性漆涂饰中密度纤维板 VVOC 气味强度最大的组分为 2-甲基-2-丙烯酸甲酯和乙醛，二者的气味特征均为辛辣，气味强度分别为 2.0 和 2.2。两种厚度规格的水性漆涂饰中密度纤维板释放的 VVOC 气味强度总体不高，均在 2.0 左右，未出现更大气味强度的 VVOC 组分。

表 3-9 8/18 mm 水性漆涂饰中密度纤维板 VVOC 气味特征化合物

序号	化合物	分子式	保留时间/min	保留指数	气味特征	气味强度	
						8 mm	18 mm
1	乙醇	C_2H_6O	4.18	<600	酒香	1.6	1.8
2	乙酸乙酯	$C_4H_8O_2$	5.49	<600	果香	1.7	1.8

续表

序号	化合物	分子式	保留时间/min	保留指数	气味特征	气味强度 8 mm	气味强度 18 mm
3	2-甲基-2-丙烯酸甲酯	$C_5H_8O_2$	7.74	701	辛辣、刺激性	2.0	2.1
4	四氢呋喃	C_4H_8O	6.10	627	果香、醚样	—	2.1
5	乙醛	C_2H_4O	3.54	<600	辛辣、刺激性	—	2.2

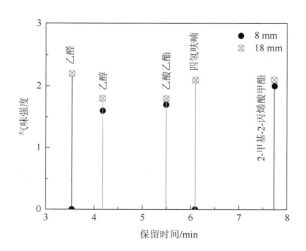

图 3-17　8/18 mm 水性漆涂饰中密度纤维板 VVOC 气味强度-保留时间谱图

根据感官评价人员的气味识别结果和板材 VVOC 气味特征的整体情况，将 VVOC 气味特征划分为以下 4 类，分别是酒香、果香、辛辣和醚样气味。图 3-18 为 8/18 mm 水性漆涂饰中密度纤维板 VVOC 气味特征轮廓谱图。从图 3-18 中可以发现，辛辣气味是 8 mm 水性漆涂饰中密度纤维板 VVOC 气味释放的主要特征轮廓，气味强度为 2.0，其次为果香和酒香气味，气味强度分别为 1.7 和 1.6。这三种气味特征构成 8 mm 水性漆涂饰中密度纤维板的整体气味特征轮廓。8 mm 水性漆涂饰中密度纤维板总体呈现出混合香的气味特征轮廓。酯类和醇类是板材 VVOC 气味释放的主要来源，乙酸乙酯、2-甲基-2-丙烯酸甲酯和乙醇是主要的气味贡献物质。

同样可以发现，辛辣气味是 18 mm 水性漆涂饰中密度纤维板的主要气味特征轮廓，气味强度为 4.3，对板材整体气味特征轮廓表达具有引导性作用，其次为果香，气味强度为 3.9。这两种气味特征对板材整体气味特征轮廓表达具有重要作用。醚样气味和酒香对板材的气味特征轮廓起到辅助性修饰作用。酯类、醚类和醛类是板材 VVOC 气味释放的主要来源,四氢呋喃、乙酸乙酯、2-甲基-2-丙烯酸甲酯和乙醛是主要的气味贡献物质。

两种厚度规格的水性漆涂饰中密度纤维板释放的 VVOC 气味特征轮廓相似,辛辣气味是两种厚度板材的主要气味特征轮廓。板材厚度由 8 mm 增加到 18 mm,水性漆涂饰中密度纤维板的 VVOC 气味特征增多,气味强度增强。厚度对于水性漆涂饰中密度纤维板 VVOC 气味特征的影响既表现在气味类型上,同时又表现在气味强度上。

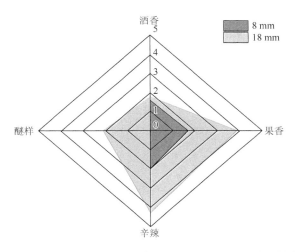

图 3-18　8/18 mm 水性漆饰中密度纤维板 VVOC 气味特征轮廓谱图

3.4.3　8/18 mm 硝基漆涂饰中密度纤维板 VVOC 气味释放分析

利用 GC-MS-O 技术对 8/18 mm 硝基漆涂饰中密度纤维板释放的 VVOC 气味组分进行鉴别分析,得到板材 VVOC 气味释放的基本特征信息,具体见表 3-10。图 3-19 为 8/18 mm 硝基漆涂饰中密度纤维板 VVOC 气味强度-保留时间谱图。从图 3-19 中可以看出,8/18 mm 硝基漆涂饰中密度纤维板分别有 5 种和 6 种 VVOC 气味特征化合物被识别,它们是乙醇、1, 2-丙二醇、乙酸乙酯、2-甲基-2-丙烯酸甲酯、四氢呋喃、乙醛和 3-甲基丁醛。上述所有 VVOC 气味特征化合物中的保留时间均在 10 min 内。8/18 mm 硝基漆涂饰中密度纤维板 VVOC 气味强度最大的组分均为四氢呋喃,气味强度分别为 2.8 和 3.0。在 18 mm 硝基漆涂饰中密度纤维板中识别到两种新的 VVOC 气味化合物,分别是 1, 2-丙二醇和 3-甲基丁醛,气味特征表现分别为甜香和果香,但二者的气味强度并不高,分别为 1.5 和 1.6。

表 3-10　8/18 mm 硝基漆涂饰中密度纤维板 VVOC 气味特征化合物

序号	化合物	分子式	保留时间/min	保留指数	气味特征	气味强度	
						8 mm	18 mm
1	乙醇	C_2H_6O	4.18	<600	酒香	2.2	2.3
2	1, 2-丙二醇	$C_3H_8O_2$	4.15	<600	甜香	—	1.5
3	乙酸乙酯	$C_4H_8O_2$	5.49	<600	果香	2.5	2.5
4	2-甲基-2-丙烯酸甲酯	$C_5H_8O_2$	7.75	701	辛辣、刺激性	2.0	1.8
5	四氢呋喃	C_4H_8O	6.10	627	果香、醚样	2.8	3.0
6	乙醛	C_2H_4O	3.54	<600	辛辣、刺激性	2.3	—
7	3-甲基丁醛	$C_5H_{10}O$	7.23	679	果香	—	1.6

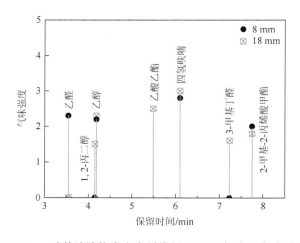

图 3-19　8/18 mm 硝基漆涂饰中密度纤维板 VVOC 气味强度-保留时间谱图

　　根据感官评价人员的气味识别结果和板材 VVOC 气味释放的整体情况,将板材 VVOC 气味特征划分为以下 5 类,分别是酒香、甜香、果香、辛辣和醚样气味。图 3-20 为 8/18 mm 硝基漆涂饰中密度纤维板 VVOC 气味特征轮廓谱图。可以发现,果香是 8 mm 硝基漆涂饰中密度纤维板 VVOC 气味释放的主要特征轮廓,气味强度为 5.3,其次为辛辣和醚样气味,气味强度分别为 4.3 和 2.8。这三种气味特征构成板材的整体气味特征轮廓。酯类和醚类是 8 mm 硝基漆涂饰中密度纤维板 VVOC 气味释放的主要来源,四氢呋喃、乙酸乙酯和 2-甲基-2-丙烯酸甲酯是板材 VVOC 气味释放的主要贡献物质。

　　同样可以发现,果香也是 18 mm 硝基漆涂饰中密度纤维板的主要气味特征轮廓，气味强度为 7.1，对板材整体气味特征轮廓表达具有决定性贡献，其次为醚样和酒香，气味强度分别为 3.0 和 2.3。这三种气味特征对板材整体气味特征轮廓表达具有重要作用。辛辣（1.8）和甜香（1.5）对板材整体气味特征轮廓形成贡献较小。醚类、酯类和醛类是 18 mm 厚度硝基漆涂饰中密度纤维板 VVOC 气味释放的主要来源，四氢呋喃、乙酸乙酯和 3-甲基丁醛是主要的气味贡献物质。

两种厚度规格的硝基漆涂饰中密度纤维板释放的 VVOC 气味特征轮廓相似，果香是两种厚度板材的主要气味特征轮廓，且 18 mm 硝基漆涂饰中密度纤维板 VVOC 气味特征轮廓要比 8 mm 硝基漆涂饰中密度纤维板 VVOC 气味特征轮廓更为丰富。板材厚度由 8 mm 增加到 18 mm，硝基漆涂饰中密度纤维板的 VVOC 气味类型增多，气味强度增强，果香的气味强度由 5.3 增加到 7.1，增加了 1.8。厚度对于水性漆涂饰中密度纤维板 VVOC 气味特征的影响不但表现在气味类型上，更表现在气味强度上。

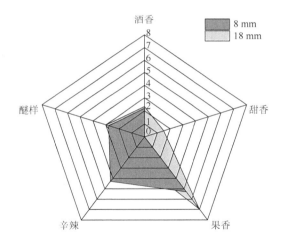

图 3-20　8/18 mm 硝基漆涂饰中密度纤维板 VVOC 气味特征轮廓谱图

3.5　本　章　小　结

（1）利用气相色谱-质谱-嗅闻（GC-MS-O）技术搭配感官嗅觉评价对不同饰面人造板和漆饰人造板释放的 VVOC 气味化合物进行鉴别分析，得到板材 VVOC 气味释放的基本特征信息。试验发现，饰面人造板释放的 VVOC 气味化合物的保留时间大多在 10 min 内，仅个别 VVOC 气味特征化合物的保留时间超过 20 min。果香和酒香是两种厚度规格中密度纤维板素板主要的气味特征轮廓，对板材整体气味特征轮廓表达具有决定性贡献。板材厚度会在一定程度上影响中密度纤维板素板 VVOC 气味的释放，表现在气味强度的增强上。混合香和果香是三聚氰胺浸渍胶膜纸饰面中密度纤维板 VVOC 气味释放的主要特征轮廓, 对板材的整体气味特征轮廓具有重要作用。厚度增加, 三聚氰胺浸渍胶膜纸饰面中密度纤维板 VVOC 的气味特征轮廓发生改变, 但总体气味特征轮廓令人感觉愉悦。混合香和果香分别是两种厚度规格 PVC 饰面中密度纤维板 VVOC 释放的主要气味特征轮廓, 随厚度增加, VVOC 气味特征由混合香转变为果香, 同时气味强度增强。厚度对 PVC 饰面中密度纤维板 VVOC 气味的影响既表现在气味类型上, 又表现在气味强度上。低分子量的酯类、醇类和酮类是饰面中密度纤维 VVOC 气味释放的主要来源, 板材厚度会同时影响 VVOC 的浓度和气味强度。

（2）香味是饰面刨花板 VVOC 气味释放的主要特征轮廓, 对板材整体气味形成具有主导性作用。两种厚度规格的刨花板素板 VVOC 气味特征完全相同, 但轮廓大小存在差异。18 mm 刨花板素板 VVOC 气味特征轮廓明显大于 8 mm 刨花板素板 VVOC 气味特征轮廓。板材厚度对刨花板素板 VVOC 气味释放的影响只表现在气味强度上, 而不影响气味类型。8 mm 三聚氰胺浸渍胶膜纸饰面刨花板与 18 mm 三聚氰胺浸渍胶膜纸饰面刨花板 VVOC 气味特征轮廓大致相同, 均为香味、甜香和辛辣三种气味特征。但在 18 mm 三聚氰胺浸渍胶膜纸饰面刨花板中鉴别到酸味存在, 而酸味和刺激性气味是人造板异味的主要来源之一。厚度增加, 三聚氰胺浸渍胶膜纸饰面刨花板的气味类型增多, 板材气味特征轮廓表达更加丰富, 同时气味强度得到明显增强。8 mm PVC 饰面刨花板和 18 mm PVC 饰面刨花板 VVOC 气味特征轮廓不同, 但总体令人愉悦。厚度由 8 mm 增加到 18 mm, PVC 饰面刨花板 VVOC 气味特征发生改变, 气味强度得到明显增强。厚度对饰面刨花板 VVOC 气味释放的影响不仅表现在气味类型上, 同样也表现在气味强度上。酯类、醇类和醚类是饰面刨花板 VVOC 气味释放的主要贡献者。

（3）8/18 mm 聚氨酯漆涂饰中密度纤维板 VVOC 气味释放的特征轮廓完全相同, 果香是两种厚度规格的聚氨酯漆饰中密度纤维板 VVOC 释放的主要特征轮廓, 对板材整体气味特征具有重要作用。厚度增加, 聚氨酯漆涂饰中密度纤维板 VVOC 气味类型和气味强度均未发生明显改变, 厚度对其气味释放的影响不显著。同时在聚氨酯漆涂饰中密度纤维板 VVOC 气味特征轮廓中识别到鱼腥气味的存在, 该物质为 N, N-二甲基甲酰胺, 可能是由二甲基乙醇胺（可能还有微量的二甲胺）和甲酸发生化学反应而来, 具有的刺激性不良气味可能是人造板"异味"产生的根源之一。混合香和辛辣气味分别是 8/18 mm 水性漆涂饰中密度纤维板 VVOC 气味释放的主要特征轮廓。板材厚度增加, 水性漆涂饰中密度纤维板的 VVOC 气味特征增多, 且气味强度增强。厚度对水性漆涂饰中密度纤维板 VVOC 气味特征的影响同时表现在气味类型和气味强度两方面。果香是 8/18 mm 硝基漆涂饰中密度纤维板 VVOC 气味释放的主要特征轮廓, 且 18 mm 硝基漆涂饰中密度纤维板 VVOC 气味特征轮廓比 8 mm 板材气味特征轮廓更为丰富。板材厚度对硝基漆饰中密度纤维板 VVOC 气味特征轮廓的影响表现在气味类型和气味强度两方面。醚类、酯类和醛类是漆饰中密度纤维板 VVOC 气味特征轮廓的主要贡献者。

参 考 文 献

李赵京，沈隽，蒋利群，等. 2018. 三聚氰胺浸渍纸贴面中纤板气味释放分析. 北京林业大学学报，40（12）：117-123.

沈隽，王启繁，沈熙为. 2022. 木材挥发性有机化合物及气味特性研究. 北京：科学出版社.

王敬贤，沈隽，曾彬. 2023. 巨尾桉木材气味化合物分析. 北京林业大学学报，45（2）：129-138.

曾彬，沈隽，王启繁，等. 2021. 不同含水率阴香木气味释放分析. 林业科学，57（4）：133-141.

Al-Dalali S，Zheng F，Li H，et al. 2019. Characterization of volatile compounds in three commercial Chinese vinegars by SPME-GC-MS and GC-O. LWT-Food Science and Technology，112：108264.

Arancha de-la-Fuente-Blanco，Vicente Ferreira. 2020. Gas chromatography olfactometry（GC-O）for the（semi）quantitative screening of wine aroma. Foods，9（12）：1892.

Brattoli M，Cisternino E，Dambruoso P R，et al. 2013. Gas chromatography analysis with olfactometric detection（GC-O）as a useful methodology for chemical characterization of odorous compounds. Sensors，13（12）：16759-16800.

Buettner A，Schieberle P. 1999. Characterization of the most odor-active volatiles in fresh，hand-squeezed juice of grapefruit（citrus paradisi macfayden）. Journal of Agricultural and Food Chemistry，47（12）：5189-5193.

Cometto Muniz J E，Cain W S，Abraham M H. 2004. Detection of single and mixed VOCs by smell and by sensory irritation. Indoor Air，14（S8）：108-117.

Elsharif S A，Buettner A. 2017. Influence of the chemical structure on the odor characters of β-citronellol and its oxygenated derivatives. Food Chemistry，232：704-711.

Fahlbusch K，Hammerschmidt F，Panten J，et al. 2003. Flavors and Fragrances//Ullmann's Encyclopedia of Industrial Chemistry. Weinheim：Wiley-VCH.

Lewis R J. 2012. Sax's Dangerous Properties of Industrial Materials. twelfth ed. Hoboken：Wiley & Sons，Inc.

Liu R，Wang C，Huang A，et al. 2018. Characterization of odors of wood by gas chromatography-olfactometry with removal of extractives as attempt to control indoor air quality. Molecules，23（1）：203.

Ma L，Gao M，Zhang L，et al. 2022. Characterization of the key aroma-active compounds in high-grade Dianhong tea using GC-MS and GC-O combined with sensory-directed flavor analysis. Food Chemistry，378：132058.

Ma L，Gao W，Chen F，et al. 2020. HS-SPME and SDE combined with GC-MS and GC-O for characterization of flavor compounds in Zhizhonghe Wujiapi medicinal liquor. Food Research International，137：109590.

Ministry of the Environment Law. 1971. No. 91 of 1971：Offensive Odor Control Law. Government of Japan，Tokyo.

NIOSH. 2005. NIOSH Pocket Guide to Chemical Hazards & Other Databases. Department of Health & Human Services，Centers for Disease Prevention & Control. National Institute for Occupational Safety & Health. DHHS（NIOSH）Publication. No. 2005-151.

O'Neil M J. 2013. The Merck Index-An Encyclopedia of Chemicals，Drugs，and Biologicals. Cambridge：Royal Society of Chemistry：13.

Schreiner L，Loos H M，Buettner A. 2017. Identification of odorants in wood of Calocedrus decurrens（Torr.）Florin by aroma extract dilution analysis and two-dimensional gas chromatography–mass spectrometry/olfactometry. Analytical and Bioanalytical Chemistry，409（15）：3719-3729.

Vandendool H，Kratz P D. 1963. A generalization of the retention index system including linear temperature programmed gas-liquid partition chromatography. Journal of Chromatography A，11：463-471.

Wang Q，Du J，Shen J，et al. 2022. Comprehensive evaluation model for health grade of multi-component compound release materials based on fuzzy comprehensive evaluation with grey relational analysis. Scientific Reports，12（1）：19807.

Wang Y，He Y，Liu Y，et al. 2022. Analyzing volatile compounds of young and mature docynia delavayi fruit by HS-SPME-GC-MS and rOAV. Foods，12（1）：59.

Xiao Z，Fan B，Niu Y，et al. 2016. Characterization of odor-active compounds of various chrysanthemum essential oils by gas chromatography-olfactometry，gas chromatography-mass spectrometry and their correlation with sensory attributes. Journal of Chromatography B，1009-1010：152-162.

Xu X，Bao Y，Wu，et al. 2019. Chemical analysis and flavor properties of blended orange，carrot，apple and Chinese jujube juice fermented by selenium-enriched probiotics. Food Chemistry，289：250-258.

第4章 不同饰面人造板VVOC及气味释放影响因素

时代的进步发展使得人类在室内生活的时间远超于室外。造成室内空气污染的主要原因是通风产生的颗粒物和挥发性有机污染物，而来自家具制品的挥发性有机污染物更是影响人体健康的主要因素。相比于木材，人造板因其较高的性价比、丰富多彩的图案花纹以及精湛的装饰工艺受到了众多家庭的青睐。饰面人造板和漆饰人造板被广泛用于家具制作和室内装饰，其所释放的VVOC会影响室内空气品质和人体健康。人造板VVOC和气味的释放都是一个极为复杂的过程，它们并不是组成材料的直接累积作用，而是多种因素综合作用的结果。在众多的影响因素中，板材类型、板材厚度和贴面材料通常是影响人造板VVOC和气味释放的重要指标。因此，选择合适的板材厚度和贴面材料对于降低人造板VVOC和气味的释放至关重要，这对于改善和提高室内空气质量也具有重要意义。基于上述原因，本章在第2章和第3章研究的基础上，利用GC-MS-O技术对不同厚度规格的饰面人造板和漆饰人造板VVOC和气味的释放特性进行总结，同时进一步探究板材厚度和贴面材料对饰面人造板和漆饰人造板VVOC和气味释放的影响，对比分析板材厚度、贴面材料和表面涂饰对VVOC及气味释放的影响规律，综合评判板材的环保性能。此外，本章还将初步建立不同饰面人造板VVOC异味物质主控清单，实现板材VVOC气味特征轮廓的特征轮廓表达，为室内家具选材用材提供理论参考和科学指导。

4.1 饰面中密度纤维板VVOC及气味释放的影响因素分析

4.1.1 板材厚度和贴面材料对饰面中密度纤维板VVOC及气味释放的影响分析

1. 板材厚度和贴面材料对饰面中密度纤维板VVOC释放的影响

利用GC-MS技术对不同厚度规格饰面中密度纤维板释放的VVOC组分进行分析，得到各板材VVOC释放的基本特征信息。图4-1为两种厚度规格饰面中密度纤维板TVVOC释放浓度。从图4-1中可以看出，18 mm饰面中密度纤维板释放的TVVOC浓度均大于8 mm饰面中密度纤维板释放的TVVOC浓度，这一试验结果与之前的研究结论相类似。产生这一现象的主要原因是不同厚度的同基材中密度纤维板，厚度大的板材在生产制作时需要更多的木纤维、脲醛树脂以及其他助剂添加剂，这些物质都是 VVOC 的潜在释放来源，且 VVOC 由板材内部扩散到板材界面的传质阻力增大，减缓了 VVOC 分子向舱内的扩散速率，所以厚度大的板材会降低板材整体的释放速率，加大板材 TVVOC 释放浓度。板材厚度对饰面中密度纤维板 TVVOC 的释放水平具有一定的影响作用。对于中密度纤维板素板（MDF）而言，8 mm 厚度规格时的 TVVOC 释放浓度为 265.74 μg/m³，18 mm 厚度规格时的 TVVOC 释放浓度为 426.78 μg/m³，增幅为 60.60%。当中密度纤维板素板被三聚氰胺浸渍胶膜纸贴面材料和 PVC 材料覆盖时，板材的 TVVOC 释放浓度显著降低，厚度对三聚氰胺浸渍胶膜纸饰面中密度纤维板（MI-MDF）和聚氯乙烯饰面中密度纤维板（PVC-MDF）TVVOC 释放浓度的影响不如 MDF 显著。产生这一变化的原因是贴面材料对板材 VVOC 的释放能够起到很好的封闭作用，这可以显著降低板材 TVVOC 的释放水平。与 18 mm 中密度纤维板素板相比，同厚度规格 PVC-MDF 和 MI-MDF 的 TVVOC 浓度分别降低了 56.97% 和 63.39%，这主要是因为贴面材料具有致密的结构，板材被贴面处理后相当于在其表面增加了传质阻隔层，增加了 VVOC 由板材内部向表面扩散的阻力，从而降低了释放速率。而对于相同厚度规格的 MI-MDF 和 PVC-MDF 来说，TVVOC 释放浓度的差异不是特别明显。就本实验研究的三种不同类型板材 TVVOC 释放浓度和挥发性有机污染物的释放水平而言，MI-MDF 的环保性能最优，其次是 PVC-MDF，而 MDF 的环保性能最差，这与之前的研究结果相类似。

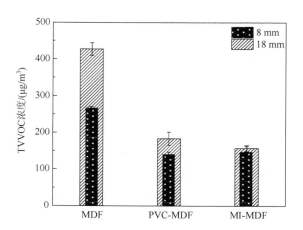

图 4-1　两种厚度规格饰面中密度纤维板 TVVOC 释放浓度

　　图 4-2 为两种厚度规格饰面中密度纤维板 VVOC 组分及其浓度大小。从图 4-2（a）中可以发现，8 mm 中密度纤维板素板总共释放了 8 种 VVOC 组分，乙醇和 1-丁醇是释放浓度最大的 VVOC 组分，其次是丙酮、乙酸乙酯和四氢呋喃，这些 VVOC 组分的释放浓度占 TVVOC 的 96.08%，而其他 VVOC 组分的占比很小。同样，18 mm 中密度纤维板素板释放浓度最大的 VVOC 组分仍然是乙醇和 1-丁醇，其次为丙酮、乙酸乙酯和四氢呋喃，这些 VVOC 组分的释放浓度占 TVVOC 的 98.45%。两种厚度规格的中密度纤维板素板释放的主要 VVOC 组分总体相似，但其浓度差别很大。8 mm 中密度纤维板素板中乙醇和四氢呋喃的质量浓度分别为 99.69 μg/m³ 和 6.68 μg/m³，当厚度增加到 18 mm 时，二者的质量浓度分别增加了 131.18% 和 188.17%。这两种 VVOC 组分的释放浓度变化强烈依赖于板材厚度。此外，酯类 VVOC 的释放浓度受板材厚度的影响较为显著，18 mm 中密度纤维板素板中乙酸乙酯的质量浓度达到 31.41 μg/m³，增幅为 41.36%。而酮类 VVOC 则表现出轻微的变化，当板材厚度从 8 mm 增加到 18 mm 时，丙酮的质量浓度仅增加了 6.46%。中密度纤维板素板 VVOC 的释放会在不同程度上受到板材厚度的影响，只是影响程度不尽相同。

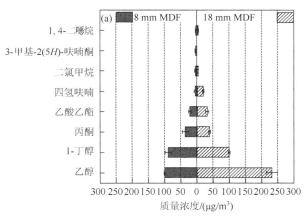

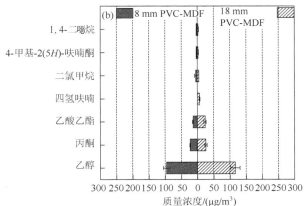

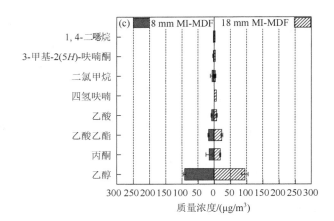

图 4-2　两种厚度规格饰面中密度纤维板 VVOC 组分及其浓度
(a) MDF; (b) PVC-MDF; (c) MI-MDF

由图 4-2(b)可以发现,醇类、酮类和酯类 VVOC 是两种厚度规格 PVC-MDF 释放的主要组分。8 mm PVC-MDF 释放浓度最高的 VVOC 组分是乙醇,其次是丙酮和乙酸乙酯,这些 VVOC 组分的释放浓度占 TVVOC 的 94.33%。这些 VVOC 组分可能部分来源于 PVC 贴面材料的使用,例如,乙醇、丙酮常用于高温高压后清理 PVC-MDF 边缘部位的残留胶黏剂,乙酸乙酯可用作贴面材料中胶黏剂的溶剂。18 mm PVC-MDF 释放的主要 VVOC 组分与 8 mm PVC-MDF 相同,均为乙醇,其次是丙酮和乙酸乙酯。随着厚度的增加,它们的释放浓度分别增加了 22.09%、17.24%和 82.99%。由图 4-2(c)可以看出,两种厚度规格 MI-MDF 中释放浓度较高的 VVOC 组分仍然是醇类、酮类和酯类,两种厚度规格 MI-MDF 中释放浓度较高的 VVOC 组分仍然是醇类、酮类和酯类,这三种组分累积占各自 TVVOC 释放浓度的 87.26%和 88.75%。两种厚度的 MI-MDF 中释放浓度最大的组分是乙醇(92.11 μg/m³ 和 94.45 μg/m³),其次为乙酸乙酯(17.59 μg/m³ 和 23.21 μg/m³)和丙酮(15.69 μg/m³ 和 18.11 μg/m³),增幅分别为 2.54%、31.95%和 15.42%。板材厚度对 MI-MDF 中酯类和酮类 VVOC 的释放影响较大。

图 4-3 为两种厚度规格饰面中密度纤维板 VVOC 释放组分及其浓度。由图 4-3(a)可以发现,与 8 mm 厚度 MDF 相比,PVC-MDF 和 MI-MDF 的 VVOC 释放浓度显著下降。与 8 mm MDF 相比,同厚度规格的 PVC-MDF 和 MI-MDF 释放的主要 VVOC 组分为乙醇、丙酮和乙酸乙酯,但它们的释放浓度分别降低了 3.86%、39.69%、41.27%和 7.60%、57.41%、20.84%。在图 4-3(b)中也观察到类似的变化趋势。与 18 mm 中密度纤维板素板相比,同厚度规格 PVC-MDF 和 MI-MDF 中的乙醇、丙酮、乙酸乙酯和四氢呋喃分别降低了 49.36%、33.58%、23.97%、67.01%和 59.13%、53.82%、26.11%、70.08%。三聚氰胺浸渍胶膜纸和 PVC 两种贴面材

料对醇类、酮类和醚类 VVOC 具有显著的封闭作用。值得注意的是 1-丁醇和四氢呋喃两种 VVOC 组分被完全封闭在 8 mm PVC-MDF 和 MI-MDF 内部，释放浓度为 0。但在 18 mm PVC-MDF 和 MI-MDF 中却检测到四氢呋喃的存在，这可能与板材厚度有直接关系。此外，在两种厚度规格 MI-MDF 中分别检测到低释放浓度的乙酸，其可能来自三聚氰胺浸渍纸贴面材料及胶黏剂在高温固化期间的分子聚合。三聚氰胺浸渍胶膜纸贴面材料能够抑制某些 VVOC 的释放，但同时也会促进其他 VVOC 组分的释放。

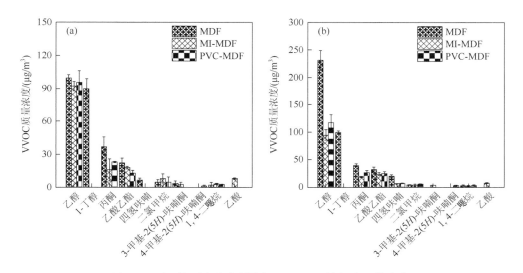

图 4-3　不同饰面中密度纤维板 VVOC 释放组分及其浓度

（a）8 mm 厚度；（b）18 mm 厚度

　　从前面的比较分析结果可以看出，厚度和贴面材料是板材 VVOC 释放的重要影响指标。随着板材厚度的增加，饰面中密度纤维板释放的主要 VVOC 也会增加。因此，当居住者选用这些饰面中密度纤维板作为家具和室内装饰材料时，应根据实际需要合理确定板材厚度。如果可能的话，应尽量选择厚度较薄的饰面中密度纤维板作为家具制作材料。当选择较厚的饰面中密度纤维板作为家具制作材料时，应优先考虑 18 mm MI-MDF，并加强室内通风，以确保室内空气流通，降低因 VVOC 带来的健康风险。两种贴面材料都可有效降低板材 VVOC 的释放水平，这主要是因为贴面材料作为阻隔层，可使 VVOC 从高浓度（MDF）到低浓度（环境舱）的传质阻力增加，减缓了扩散速率。经过贴面处理后，VVOC 从板材内部扩散到表面会受到一定限制。三聚氰胺浸渍胶膜纸贴面材料在降低 VVOC 释放浓度方面比 PVC 贴面材料更为有效。因此，本实验研究建议在选用饰面中密度纤维作为家具和室内装饰材料时，三聚氰胺浸渍胶膜纸饰面中密度纤维板作为首要选择。如确实需要使用中密度纤维板素板作为家具和装饰材料，应该适当延长板材陈放时间且加强空气流通。此外，源头控制可能是减少饰面中密度纤维板 VVOC 释放的最有效的途径之一。为了生产环保性能更为优异的饰面中密度纤维板，建议在板材生产制作时采用新型环保溶剂部分替代丙酮或乙酸乙酯溶剂。此外，寻求更为绿色环保的改性胶黏剂也是降低板材 VVOC 释放的有效举措。这些建议和方法可以改善因板材 VVOC 释放带来的室内污染问题，从而保证室内空气品质和人体健康。

2. 板材厚度和贴面材料对饰面中密度纤维板 VVOC 气味释放的影响

板材厚度和贴面材料是影响饰面中密度纤维板 VVOC 气味释放的关键因素。为了探究厚度和贴面材料对饰面中密度纤维板 VVOC 气味释放的影响，本节将利用 GC-MS-O 技术和气味感官评价相结合的方法对饰面中密度纤维板释放的 VVOC 气味物质进行对比分析，阐明不同饰面中密度纤维板 VVOC 气味释放的差异性，为解决室内"异味"问题提供理论参考。

综合考虑感官评价人员的气味鉴定结果，将不同厚度规格饰面中密度纤维板各 VVOC 气味特征化合物的强度累加得到总气味强度分布，见图 4-4。可以发现，不同厚度规格的饰面中密度纤维板 VVOC 总气味强度整体不是很高，最大气味强度为 10.4。两种厚度规格中密度纤维板素板的 VVOC 总气味强度明显高于其他两种饰面板材的 VVOC 总气味强度。两种厚度规格 PVC-MDF 的 VVOC 总气味强度分别为 6.3 和 7.1，两种厚度规格 MI-MDF 的 VVOC 总气味强度较低，分别为

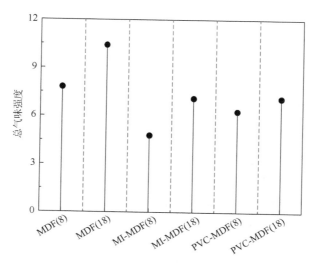

图 4-4　不同厚度规格饰面中密度纤维板 VVOC 总气味强度

4.8 和 7.1。厚度会在一定程度上影响板材 VVOC 总气味强度，这一现象在中密度纤维板素板中表现得尤为显著。板材厚度由 8 mm 增加到 18 mm，中密度纤维板素板的 VVOC 总气味强度增加了 2.6。贴面处理后，厚度对饰面中密度纤维板 VVOC 总气味强度的影响效果不如中密度纤维板素板显著。厚度由 8 mm 增加到 18 mm，PVC-MDF 的 VVOC 总气味强度仅增加了 0.8。此外，板材被贴面处理后，同厚度规格的饰面中密度纤维板 VVOC 总气味强度明显降低。贴面材料对板材 VVOC 气味的释放具有明显的抑制作用。

　　图 4-5 为不同厚度规格饰面中密度纤维板 VVOC 气味特征轮廓谱图。由图 4-5（a）可以发现，酒香、果香、辛辣、甜香和醚样气味构成了两种厚度规格中密度纤维板素板的整体气味特征轮廓。酒香和果香是 8 mm 中密度纤维板素板 VVOC 气味的主要特征轮廓，对板材整体气味特征轮廓表达起主要贡献性作用。果香是 18 mm 中密度纤维板素板 VVOC 气味的主要特征轮廓，对板材整体气味特征轮廓形成起重要决定性作用。酒香对 18 mm 中密度纤维板素板 VVOC 气味特征轮廓形成起重要调控作用，也是气味特征轮廓谱图表达的主要贡献者。板材厚度由 8 mm 增加到 18 mm，中密度纤维板素板 VVOC 的气味特征轮廓未发生改变，但轮廓大小存在差异，气味强度有所增强。厚度对中密度纤维板素板 VVOC 气味释放的影响仅表现在气味强度上，而不影响 VVOC 气味类型。

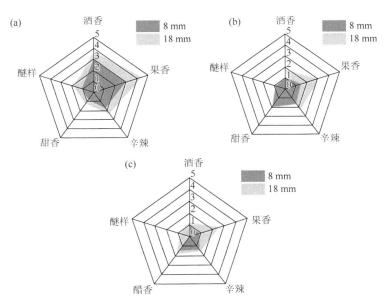

图 4-5　不同厚度规格饰面中密度纤维板 VVOC 气味特征轮廓谱图
（a）MDF；（b）PVC-MDF；（c）MI-MDF

　　由图 4-5（b）可以看出，甜香气味是 8 mm PVC-MDF 的主要气味特征轮廓，其次为辛辣和果香，三者共同构成了板材的主要气味特征轮廓，总体呈现出一种混合香的气味特征轮廓。果香是 18 mm PVC-MDF 的主要气味特征轮廓，对板材整体气味形成起重要贡献作用。板材厚度由 8 mm 增加到 18 mm，PVC 饰面中密度纤维板 VVOC 气味特征化合物的强度增强，同时气味特征由混合香味转变为果香，但整体气味特征轮廓令人感觉愉悦。厚度对 PVC 饰面中密度纤维板 VVOC 气味释放的影响不仅表现在气味强度上，同样也表现在气味类型上。

　　由图 4-5（c）可以看出，两种厚度规格 MI-MDF 的气味强度不高。醋香是 8 mm MI-MDF 的主要气味特征轮廓，其次为辛辣和酒香，这三种气味特征轮廓实现了板材轮廓的谱图表达，总体呈现出一种混合香的气味特征。果香是 18 mm MI-MDF 的主要气味特征轮廓，气味强度为 2.6。板材厚度由 8 mm 增加到 18 mm，MI-MDF 的主要气味特征轮廓变得更加丰富，气味类型也发生了改变，由原来的混合香味转变为果香，但总体气味类型令人舒适愉悦。厚度对三聚氰胺浸渍胶膜纸饰面中密度纤维板 VVOC 气味释放的影响不仅表现在气味强度上，也表现在气味类型上。

　　综合以上试验结果不难发现，厚度会在一定程度上影响板材 VVOC 气味特征轮廓谱图的高效表达，但影响效果却存在明显差异。果香是两种厚度规格中密度纤维板素板的主要气味特征轮廓，当板材厚度增加时，中密度纤维板素板的气味特征轮廓未发生显著变化，仅气味强度稍有增强。厚度对中密度纤维板素板 VVOC 气味释放的影响仅表现在气味强度上。而对于 PVC-MDF 和 MI-MDF 来说，随着板材厚度的增加，气味特征由混合香味转变为果香，气味特征轮廓发生了改变且整体气味强度增强。厚度对饰面中密度纤维板 VVOC 气味释放的影响既表现在气味类型上，同样也表现在气味强度上，这一点与中密度纤维板素板气味特征轮廓表达有着本质差别。

　　图 4-6 为两种厚度规格不同饰面中密度纤维板 VVOC 气味特征轮廓谱图。由图 4-6 可以看出，两种厚度规格 PVC-MDF 和 MI-MDF 的气味特征轮廓明显小于中密度纤维板素板的气味特征轮廓。从图 4-6（a）中可以发现，酒香和果香是 8 mm 中密度纤维板素板的主要气味特征，气味强度为 3.0，而混合香是同厚度规格 PVC-MDF 和 MI-MDF 的主要气味特征轮廓，气味强度为 2.0 左右。对中密度纤维板素板进行贴面处理后，板材的主要气味特征轮廓发生了改变，同时气味强度整体降低。贴面材料对于气味具有明显的阻隔封闭作用，可抑制 VVOC 气味的释放。

　　由图 4-6（b）可以发现，果香是 18 mm 饰面中密度纤维板的主要气味特征轮廓，在板材整体气味特征轮廓形成中起主要引导性作用。贴面板材的主要气味类型未发生改变，但气味强度显著降低。作为两种贴面材料，三聚氰胺浸渍胶膜纸和 PVC 贴面材料均可以抑制板材气味的释放，但前者的作用效果优于后者。

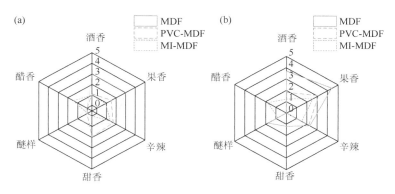

图 4-6　两种厚度规格不同饰面中密度纤维板 VVOC 气味特征轮廓谱图

（a）8 mm 厚度；（b）18 mm 厚度

综合上述所有试验结果，可以看出，醇类、酯类和酮类 VVOC 是较高气味强度的重要贡献者，这些气味特征化合物可能来自胶黏剂的溶剂，也可能来自木材纤维及其复杂的化学反应。板材厚度和贴面材料均会在一定程度上影响 VVOC 和气味的释放。在挑选家具和室内装饰材料时，MI-MDF 是首要选择，同时尽可能使用薄的 MI-MDF。此外，建议板材生产时采用新型环保溶剂部分替代丙酮和乙酸乙酯等溶剂。同时在热压过程中可使用改性脲醛树脂胶黏剂和气味相对较小的木质原料，这些可行的方法均可以降低板材 VVOC 和气味的释放，从而提高饰面中密度纤维板的环保性能，提高室内空气质量。

4.1.2　板材厚度和贴面材料对饰面刨花板 VVOC 及气味释放的影响分析

1. 板材厚度和贴面材料对饰面刨花板 VVOC 释放的影响

刨花板挥发性有机污染物的释放是一个持续的过程，刨花板素板及饰面刨花板均会在不同程度上释放 VVOC，这是由于木质板材释放的 VVOC 主要有两个释放来源：木材本身和胶黏剂。刨花板制作过程中及饰面处理过程中大量使用的胶黏剂，固化过程中会释放 VVOC；木材本身存在的抽提物、树脂、松香等天然有机物容易挥发，温度和相对湿度的作用，贴面材料的使用都会造成刨花板在陈放过程中持续而漫长地释放 VVOC。

利用 GC-MS 技术对不同厚度饰面刨花板释放的 VVOC 进行分析，得到板材 VVOC 释放的基本特征信息。图 4-7 为两种厚度规格饰面刨花板 TVVOC 释放浓度。从图 4-7 中可以看出，不同厚度规格饰面刨花板 TVVOC 浓度整体上低于同厚度的刨花板素板，8 mm 厚度规格 PB、MI-PB 和 PVC-PB 的 TVVOC 释放浓度分别为 238.65 μg/m³、223.89 μg/m³ 和 150.24 μg/m³。18 mm 厚度规格 PB、MI-PB、

PVC-PB 的 TVVOC 释放浓度分别为 350.39 μg/m³、333.01 μg/m³ 和 204.29 μg/m³，这说明三聚氰胺浸渍纸和 PVC 贴面材料对 VVOC 的释放起到了阻隔的作用，降低了 VVOC 的释放浓度且本试验中 PVC 贴面材料对于 VVOC 的抑制作用比三聚氰胺浸渍纸贴面材料的效果更好。

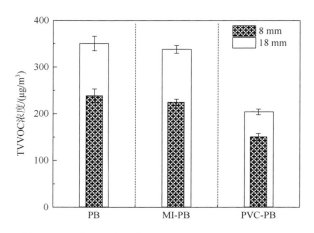

图 4-7　两种厚度规格饰面刨花板 TVVOC 释放浓度

　　对比不同厚度规格的同种类型饰面刨花板，厚度增加导致板材 TVVOC 浓度均有增加，这是由于在相同的饰面条件下，刨花板基材厚度的增加导致 18 mm 刨花板本身释放的 TVVOC 浓度高于 8 mm 厚度刨花板。18 mm PB 较 8 mm PB 增加了 46.82%，MI-PB 与 PVC-PB 也分别增加了 48.74% 和 35.98%。饰面刨花板的 TVVOC 浓度始终小于相同厚度规格的刨花板素板，说明饰面处理能够一定程度上阻碍刨花板本身的释放，原因是三聚氰胺浸渍胶膜纸贴面和 PVC 贴面材料表面空隙率低于刨花板素板表面，可以有效封闭板材内部的 VVOC 释放，但由于本身的空隙结构不能够完全抑制其释放，所以厚度大的饰面刨花板的 TVVOC 浓度大于厚度小的饰面刨花板。MI-PB 释放 VVOC 浓度的增长百分比小于 PVC-PB，表明三聚氰胺浸渍角膜纸贴面材料对刨花板 VVOC 释放的抑制作用受厚度影响较小。
　　图 4-8 为不同厚度规格饰面刨花板 VVOC 释放组分及其浓度分布。由图 4-8（a）和（b）可以看出，8 mm 和 18 mm PVC-PB 释放的 VVOC 种类最少，为 8 种，这对于减少 VVOC 的释放种类有重要贡献。饰面刨花板中释放的 1-丁醇质量浓度最高，其次依次为丙酮和乙醇。8 mm 厚度规格 PB、MI-PB 和 PVC-PB 释放的 1-丁醇质量浓度分别为 75.77 μg/m³、57.51 μg/m³ 和 53.12 μg/m³，18 mm 厚度规格饰面刨花板释放的 1-丁醇质量浓度分别为 94.19 μg/m³、74.95 μg/m³ 和 67.69 μg/m³。通过数据对比发现：厚度增加，三种饰面刨花板释放的 1-丁醇质量浓度均增加，

但饰面刨花板始终低于同厚度刨花板素板，说明饰面处理可以在一定程度上抑制 1-丁醇的释放，且 PVC-PB 释放的 1-丁醇质量浓度低于同厚度规格的 MI-PB，说明 PVC 贴面材料对刨花板 1-丁醇释放的抑制作用优于三聚氰胺浸渍胶膜纸贴面材料。1-丁醇属于低毒类物质，木材纤维和脂质降解可以产生醇类物质，且脲醛树脂的水解反应会产生 1-丁醇，这会导致 1-丁醇质量浓度偏高的现象出现。8 mm PB、MI-PB 和 PVC-PB 释放丙酮的质量浓度分别为 45.44 μg/m³、55.49 μg/m³ 和 30.34 μg/m³，乙醇的质量浓度分别为 43.29 μg/m³、50.48 μg/m³ 和 25.64 μg/m³。18 mm 厚度规格板材释放的丙酮质量浓度分别上升了 32.15%、42.21% 和 19.62%，乙醇的质量浓度分别上升了 29.34%、50.40% 和 38.34%。可见 MI-PB 中释放的丙酮和乙醇质量浓度与增加百分比最高，这是由于木材纤维和脂质降解会产生酮类和醇类，并且丙酮作为重要稀释剂和清洗剂，可用于清洗高温热压后 MI-PB 板材边部残留的胶黏剂，造成 MI-PB 释放更多的丙酮。三聚氰胺浸渍纸是由印刷装饰纸或素色原纸经浸渍三聚氰胺甲醛树脂和改性脲醛树脂得来的，乙醇可作为三聚氰胺甲醛树脂的稀释剂和改性脲醛树脂的醚化反应试剂，增大了 MI-PB 板材陈放过程中乙醇的释放浓度。MI-PB 释放出

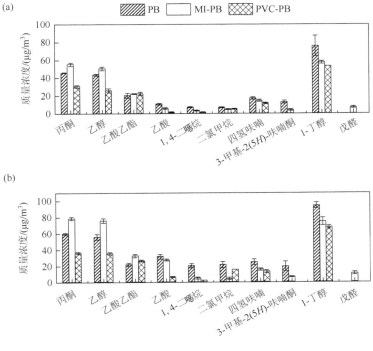

图 4-8　不同厚度规格饰面刨花板 VVOC 释放组分及其浓度

（a）8 mm 厚度；（b）18 mm 厚度

少量戊醛，这是由于三聚氰胺浸渍纸在热压贴面过程中受到高温和氧气的影响，原纸中的低分子量含碳化合物发生了氧化降解。乙酸来源于木材中半纤维素乙酰基水解以及纤维素酸性水解反应后产生的游离乙酸，并且在刨花板高温成型加工过程中，游离乙酸二次反应产生乙酸乙酯。刨花板饰面处理过程中进行加温加压处理，木材释放的乙酸进一步增多，二次反应继续生成乙酸乙酯，可造成 MI-PB 和 PVC-PB 中乙酸乙酯释放浓度高于 PB 的现象。饰面材料对于乙酸、1, 4-二噁烷、3-甲基-2-(5H)-呋喃酮的抑制作用十分明显，而对乙酸乙酯、四氢呋喃和二氯甲烷的抑制效果很小。

　　图 4-9 为不同厚度规格饰面刨花板 VVOC 组分占比。将饰面刨花板 VVOC 释放主成分醇类（正丁醇和乙醇）、酮类[丙酮和 3-甲基-2（5H）-呋喃酮]与其他化合物占 TVVOC 释放量的百分比进行对比分析，从图 4-9 中可以看出，VVOC 的组成情况会随板材厚度及贴面材料的改变而发生不同程度的变化。

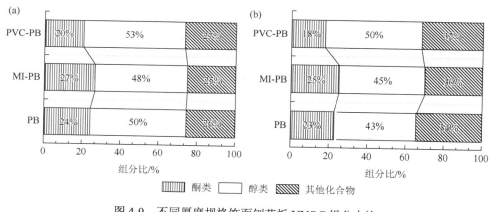

图 4-9　不同厚度规格饰面刨花板 VVOC 组分占比

（a）8 mm 厚度；（b）18 mm 厚度

　　由图 4-9（a）可以看出，三种 8 mm 饰面刨花板主成分（酮类、醇类）与其他化合物占比情况变化不大，但 PVC-PB 释放酮类仅占 20%，比 PB 和 MI-PB 分别减少 4% 和 7%，PVC-PB 的醇类释放百分比较 PB 和 MI-PB 分别高出 3% 和 5%，三种饰面刨花板的其他化合物占比稳定在 25%～27%，随贴面材料的变化不明显。18 mm 饰面刨花板各组分的释放百分比变化较大。从图 4-9（b）中可以看出，板材主成分百分比增减情况与 8 mm 饰面刨花板相同，但具体物质（酮类、醇类）占比情况随贴面材料不同而呈现出不同的变化。PVC-PB 释放酮类最少，仅占比18%，相比于 PB 和 MI-PB 减少了 5% 和 7%；醇类占比达到 50%，相比于 PB 和MI-PB 分别高出 7% 和 5%。这表明同种饰面条件下，随板材厚度的增加，PVC 贴面材料对酮类封闭的优越性得以突显出来,酮类物质占比较 MI-PB 和 PB 更少,但醇类物质占比更多,封闭效果较差。

2. 板材厚度和贴面材料对饰面刨花板 VVOC 气味释放的影响

板材气味的来源通常是由其中各类气味挥发性物质共同决定的,不同气味之间存在单独作用、相加作用、协同作用和拮抗作用。利用 GC-MS-O 技术和气味感官评价相结合的方法对饰面刨花板释放的 VVOC 单一气味特征化合物进行鉴别和分析,阐明不同饰面刨花板 VVOC 气味释放的差异性,为后续板材"异味"消减提供理论研究基础。

将不同厚度规格饰面刨花板各 VVOC 气味特征化合物的强度累加得到总气味强度分布,具体见图 4-10。可以发现,18 mm 刨花板素板 VVOC 总气味强度最高,为 21.6。板材厚度会在一定程度上影响 VVOC 总气味强度,这一现象在刨花板素板中表现得尤为显著。厚度由 8 mm 增加到 18 mm,刨花板素板 VVOC 总气味强度由 13.4 增加到 21.6,增加了 8.2,MI-PB 增加了 6.9,PVC-PB 增加了 4.2。刨花板素板被贴面处理后,厚度对饰面刨花板 VVOC 总气味强度的影响不如刨花板素板显著。此外,同种厚度规格的不同饰面刨花板,其 VVOC 总气味强度始终低于刨花板素板。8 mm MI-PB 和 PVC-PB 的 VVOC 总气味强度分别下降了 2.9 和 6.3,18 mm MI-PB 和 PVC-PB 分别下降了 4.2 和 10.3。因贴面材料的不同导致饰面刨花板 VVOC 总气味强度下降幅度变化程度不一。就板材 VVOC 总气味强度而言,PVC 贴面材料对刨花板 VVOC 总气味强度的封闭作用要明显优于三聚氰胺浸渍胶膜纸贴面材料。

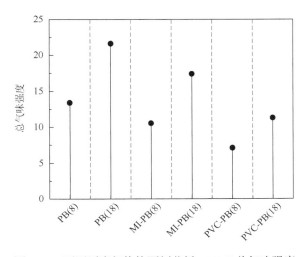

图 4-10　不同厚度规格饰面刨花板 VVOC 总气味强度

　　图 4-11 为不同厚度规格饰面刨花板 VVOC 气味特征化合物质量浓度和气味
强度。可以发现，不同厚度不同饰面条件下饰面刨花板释放的 VVOC 气味特征化
合物及气味强度差异性较大，饰面刨花板中气味强度较高的气味特征化合物种类
是醇类（1-丁醇）、酮类（丙酮）、醚类（四氢呋喃）、酯类（乙酸乙酯）。同种板
材厚度条件下，饰面刨花板的 VVOC 气味特征化合物浓度和气味强度相比于刨花
板素板均有不同程度的降低；同种饰面条件下，厚度增加导致气味化合物种类增
多且浓度升高，气味强度同样变大。8 mm PB、MI-PB、PVC-PB 释放 VVOC 气
味特征化合物分别为 7 种、5 种、4 种，18 mm PB、MI-PB、PVC-PB 释放 VVOC
气味特征化合物分别为 9 种、6 种、6 种。通过气味特征化合物释放浓度和气味强
度之间的关系可以看出：在一定程度上，VVOC 气味特征化合物质量浓度高低能
反映气味强度的大小，如不同厚度、不同饰面刨花板释放的 1-丁醇气味强度随质

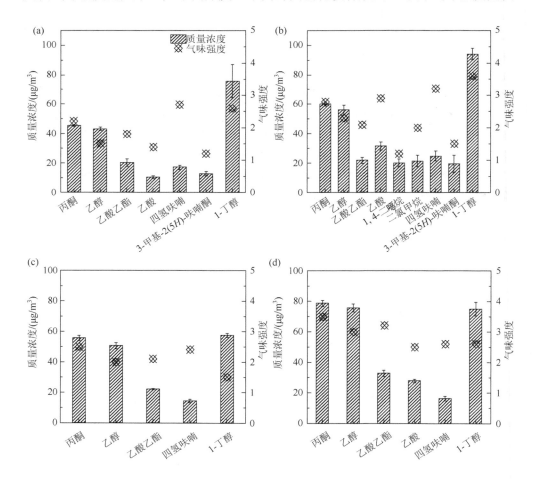

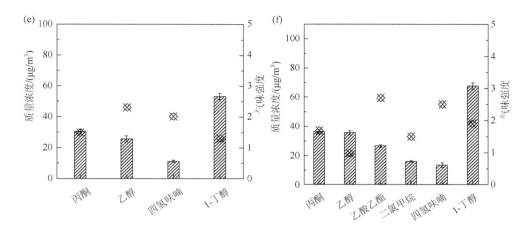

图 4-11　不同厚度规格饰面刨花板 VVOC 气味特征化合物质量浓度和气味强度
（a）8 mm PB；（b）18 mm PB；（c）8 mm MI-PB；（d）18 mm MI-PB；（e）8 mm PVC-PB；（f）18 mm PVC-PB

量浓度增大而增大；而气味物质的气味强度不仅取决于物质的浓度，也与气味阈值的大小有关，如 8 mm MI-PB 释放四氢呋喃质量浓度为 14.34 μg/m³，气味强度为 2.4，释放 1-丁醇质量浓度为 57.51 μg/m³，气味强度为 1.5，这也说明对于不同化合物，气味强度与释放浓度之间不是线性关系，化合物浓度高不代表气味更浓。1-丁醇在浓度很高时才对板材的气味有影响，这是由于醇类化合物的阈值较高，只有在浓度很高时才对整体气味有较大的贡献。

　　为了进一步探究不同厚度、不同饰面刨花板的整体气味情况，将饰面刨花板的气味特征分为香味、甜香、酸味和辛辣气味四类，各类气味对不同饰面刨花板整体气味特征轮廓的贡献如图 4-12 所示。不同厚度、不同饰面条件下刨花板整体气味特征主要由香味和甜香决定，辛辣气味作为基本气味特征对整体气味特征轮廓形成起辅助作用，PB 和 MI-PB 中检测出酸味，而 PVC-PB 未检出，表明 PVC 贴面材料对于减少气味特征化合物释放种类作用明显。且饰面处理后同厚度规格饰面刨花板整体气味强度降低，辛辣和酸味这两种基本特征气味强度减少，可以看出饰面处理后刨花板释放的气味发生了变化，这是因为饰面刨花板释放的气味是刨花板基材、饰面胶黏剂和饰面材料共同作用的结果。PVC-PB 的气味强度最低，表明本实验选取材料中，PVC 作为刨花板贴面材料，相比于三聚氰胺浸渍胶膜纸对于 VVOC 和气味的封闭效果更好，并且 18 mm 刨花板相比于 8 mm 刨花板整体气味强度增强，厚度会在一定程度上影响饰面刨花板的气味特征轮廓表达。

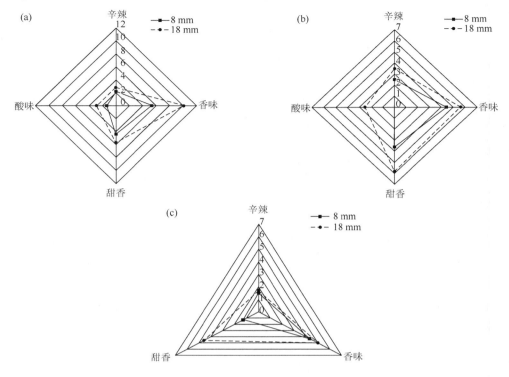

图 4-12   不同厚度规格饰面刨花板 VVOC 气味特征轮廓谱图

（a）PB；（b）MI-PB；（c）PVC-PB

4.1.3   板材厚度和涂饰处理对漆饰中密度纤维板 VVOC 及气味释放的影响分析

1. 板材厚度和涂饰处理对漆饰中密度纤维板 VVOC 释放的影响

利用 GC-MS 技术对不同厚度漆饰中密度纤维板释放的 VVOC 进行分析，得到各板材 VVOC 释放的基本特征信息。图 4-13 为两种厚度规格漆饰中密度纤维板 TVVOC 释放浓度。从图 4-13 中可以发现，不同厚度规格漆饰中密度纤维板 TVVOC 浓度并不是很高，TVVOC 释放浓度介于 137.98～223.65 μg/m³。两种厚度规格漆饰中密度纤维板释放的 TVVOC 浓度均低于同厚度中密度纤维板素板（265.74 μg/m³ 和 426.78 μg/m³）。8 mm PU-MDF、WB-MDF 和 NC-MDF 释放的 TVVOC 浓度分别为 202.59 μg/m³、137.98 μg/m³ 和 214.12 μg/m³。18 mm PU-MDF、WB-MDF 和 NC-MDF 释放的 TVVOC 浓度分别为 196.05 μg/m³、205.27 μg/m³ 和 223.65 μg/m³。与同厚度规格中密度纤维板素板相比，TVVOC 浓度分别降低了

23.76%、48.08%、19.42%和 54.06%、51.90%、47.60%，这说明三种不同涂饰处理均可抑制板材 VVOC 的释放，降低板材 VVOC 的释放浓度。通过 TVVOC 数据对比可以看出，水性涂料对板材 VVOC 的抑制效果要优于聚氨酯漆和硝基漆，这主要是因为水性漆是以水作为溶剂，具有较低的 VVOC 含量，其环保性能优于聚氨酯漆和硝基漆。

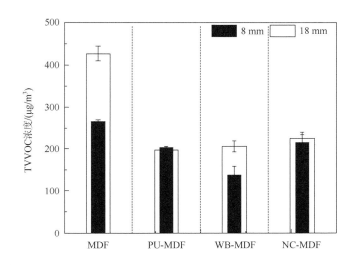

图 4-13　两种厚度规格漆饰中密度纤维板 TVVOC 释放浓度

　　对比不同厚度规格的同种类型漆饰中密度纤维板可以发现，厚度对于不同漆饰板材 TVVOC 的影响程度不同。对于 PU-MDF 和 NC-MDF 而言，厚度对板材 VVOC 释放的影响作用不是十分显著，厚度的增加并不会直接导致板材 TVVOC 释放浓度的增大。厚度由 8 mm 增加到 18 mm，两种厚度规格板材的 TVVOC 释放浓度十分接近，浓度差值不大。而在 PU-MDF 中还存在一种反常现象，8 mm 厚度规格板材释放的 TVVOC 浓度略大于 18 mm 厚度规格板材，但差别不是特别明显。而对于 WB-MDF 来说，板材厚度由 8 mm 增加到 18 mm，板材 TVVOC 释放浓度增加了 67.29 μg/m³，增加的百分比为 48.77%。板材厚度对 WB-MDF TVVOC 释放浓度的影响显著且影响效果远远大于 PU-MDF 和 NC-MDF。

　　图 4-14 为不同厚度规格漆饰中密度纤维板 VVOC 释放组分及浓度。由图 4-14 可以看出，8 mm PU-MDF 释放了 6 种 VVOC 组分，18 mm PU-MDF 释放了 7 种 VVOC，两种厚度规格 PU-MDF 释放的主要 VVOC 组分相似，无明显差异。醇类和醚类是两种厚度 PU-MDF 释放的主要 VVOC 成分，两种组分质量浓度之和分

别为 176.64 μg/m³ 和 166.09 μg/m³，占比均达到 80%以上。此外，两种厚度规格
PU-MDF 释放的 VVOC 种类和总质量浓度相当，这主要是因为漆饰板中的 VVOC
组分多数来自涂料以及溶剂的挥发，仅少量 VVOC 来自人造板及使用的胶黏剂，
漆膜固化后可以起到类似于贴面材料的作用，对 VVOC 释放可以起到很好的封闭
效果，阻碍了板材内部 VVOC 向外部传导扩散。厚度由 8 mm 增加到 18 mm，
PU-MDF 释放的 VVOC 种类和浓度差异不是很大，厚度对人造板 VVOC 释放的
影响作用不显著。

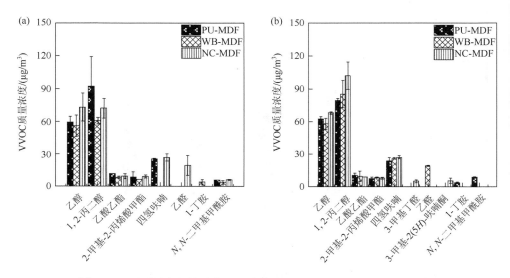

图 4-14　不同厚度规格漆饰中密度纤维板 VVOC 释放组分及其浓度

（a）8 mm 厚度；（b）18 mm 厚度

　　醇类和酯类是两种厚度规格 WB-MDF 释放的主要 VVOC 成分，两种组分
质量浓度之和分别为 130.68 μg/m³ 和 160.78 μg/m³，占比分别为 94.71%和
78.33%。两种厚度规格 WB-MDF 释放的主要 VVOC 组分相似，但在 18 mm
WB-MDF 中检测到了四氢呋喃和乙醛两种 VVOC 组分，质量浓度分别为
25.79 μg/m³ 和 18.70 μg/m³。板材厚度由 8 mm 增加到 18 mm，WB-MDF 组分
中的乙醇、乙酸乙酯和 2-甲基-2-丙烯酸甲酯的质量浓度变化不大，仅在很小的
浓度范围内波动，这些 VVOC 组分受厚度的影响较小。同样，两种厚度规格
NC-MDF 释放的主要 VVOC 组分相似，醇类和醚类是 NC-MDF 释放的主要
VVOC 成分，二者所占比例较大。VVOC 的释放种类和释放浓度受板材厚度的
影响较小。

　　对比不同漆饰中密度纤维板 VVOC 的释放情况可以看出，8 mm 和 18 mm

两种厚度规格 WB-MDF 释放的 VVOC 种类最少，为 6 种，这对于减少 VVOC 的释放种类有着重要贡献。醇类是两种厚度规格漆饰中密度纤维板释放的主要 VVOC 物质，其次为醚类和酯类。醇类 VVOC 中包括乙醇和 1, 2-丙二醇两种物质，其中 1, 2-丙二醇的释放浓度较高。8 mm PU-MDF、WB-MDF 和 NC-MDF 释放 1, 2-丙二醇的质量浓度分别为 92.02 μg/m³、60.54 μg/m³ 和 71.92 μg/m³，18 mm PU-MDF、WB-MDF 和 NC-MDF 释放 1, 2-丙二醇的质量浓度分别为 79.67 μg/m³、85.16 μg/m³ 和 101.78 μg/m³。1, 2-丙二醇作为涂料中的主要成膜助剂，其主要作用是提高涂料在低温下的流动性和稳定性，同时改善涂料的抗冻性能。

与同厚度中密度纤维板素板相比，8 mm 和 18 mm 两种厚度规格 PU-MDF、WB-MDF 和 NC-MDF 中的乙醇质量浓度降低，分别降低了 40.44%、44.13%、26.78%和 72.78%、74.91%、70.56%。经过不同油漆涂饰的中密度纤维板，1-丁醇、丙酮、二氯甲烷和 1, 4-二噁烷的释放浓度均降为 0，漆饰表面处理对这些 VVOC 组分的抑制作用十分显著。与此同时，1, 2-丙二醇、2-甲基-2-丙烯酸甲酯和其他物质（1-丁胺和 N, N-二甲基甲酰胺）的释放浓度显著增加，它们主要来自漆饰涂料或在漆膜固化时形成。虽然表面涂饰处理可以在一定程度上抑制板材 VVOC 的释放，但不能起到完全阻隔的作用，同时也会增加其他 VVOC 组分的释放。值得注意的是，由于新增加的部分 VVOC 组分具有较强刺激性和难闻的不良气味，甚至还具有较高毒性，因此需要延长漆饰板材的陈放时间并增大空气交换率，以此来获得更为安全环保的漆饰板材。

2. 板材厚度和涂饰处理对漆饰中密度纤维板 VVOC 气味释放的影响

利用 GC-MS-O 技术和感官评价相结合的方法对不同厚度规格漆饰中密度纤维板释放的 VVOC 气味进行鉴别和分析，能够克服单一主观鉴定或者客观评价的局限性，从而更加全面地掌握漆饰板材 VVOC 气味释放情况。同时可以阐明不同漆饰中密度纤维板 VVOC 气味释放的差异性，为后续解决板材"异味"问题提供参考。

将不同厚度规格漆饰中密度纤维板各 VVOC 气味特征化合物的强度累加得到总气味强度分布，如图 4-15 所示。可以发现，漆饰中密度纤维板 VVOC 总气味强度整体水平不是很高。两种厚度规格 NC-MDF 的 VVOC 总气味强度最高，分别为 11.8 和 12.7，而 WB-MDF 的 VVOC 总气味强度最低，分别为 5.3 和 10.0。厚度可在一定程度上影响板材 VVOC 总气味强度，但不显著。板材厚度由 8 mm 增加到 18 mm，PU-MDF 和 NC-MDF 的 VVOC 总气味强度均仅增加了 0.5，增加的幅度较小，而 WB-MDF 增加了 4.7。厚度对 WB-MDF

VVOC 总气味强度的影响远大于 PU-MDF 和 WB-MDF。此外，对于 PU-MDF 和 NC-MDF 两种板材而言，VVOC 总气味强度均高于同厚度规格中密度纤维板素板的 VVOC 总气味强度（7.8 和 10.4），分别增加了 2.6、0.5 和 4.0、2.3。而 WB-MDF 的 VVOC 总气味强度分别下降了 2.5 和 0.4。不同类型涂料装饰导致的漆饰板材 VVOC 总气味强度的变化不尽相同。就板材 VVOC 总气味强度大小而论，水性漆饰对板材 VVOC 总气味强度的封闭作用明显优于聚氨酯漆饰和硝基漆饰。

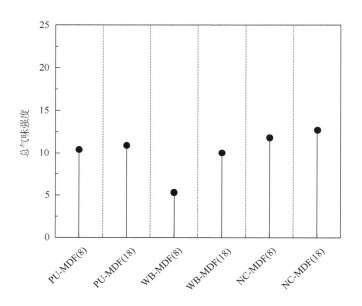

图 4-15　不同厚度规格漆饰中密度纤维板 VVOC 总气味强度

图 4-16 为不同厚度规格漆饰中密度纤维板 VVOC 气味特征轮廓谱图。由图 4-16（a）可以看出，酒香、果香、辛辣、醚样和鱼腥 5 种气味特征共同构成了两种厚度规格 PU-MDF 的气味特征轮廓谱图，其中果香是 8 mm PU-MDF 主要的气味特征轮廓，气味强度为 4.9，对板材整体气味特征轮廓形成起主要作用，其他气味特征轮廓对整体气味形成具有一定的辅助修饰功能。同样，果香也是 18 mm PU-MDF 的主要气味特征，气味强度为 4.9。两种厚度规格 PU-MDF 的 VVOC 气味特征轮廓完全相同。板材厚度的增加未对 PU-MDF 的 VVOC 整体气味特征轮廓的形成造成影响，板材气味类型未发生改变，只是气味强度略有细微差异。

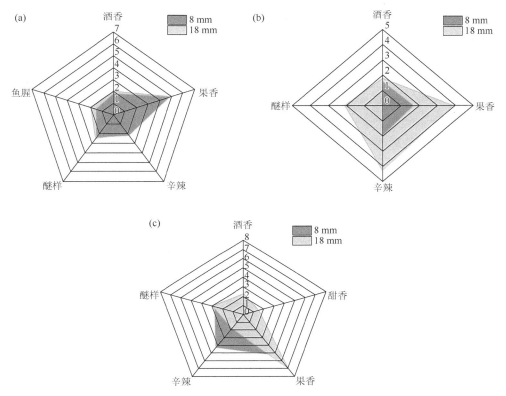

图 4-16　不同厚度规格漆饰中密度纤维板 VVOC 气味特征轮廓谱图
（a）PU-MDF；（b）WB-MDF；（c）NC-MDF

由图 4-16（b）可以发现，酒香、果香和辛辣构成了 8 mm WB-MDF 的整体气味特征轮廓，其中辛辣气味是板材最主要的气味特征轮廓，气味强度为 2.0，而酒香和果香两种气味特征起到功能修饰作用。8 mm WB-MDF 总体上呈现出混合香的气味特征轮廓。同时也可发现，辛辣和果香是 18 mm WB-MDF 的主要气味特征轮廓，气味强度较高，分别为 4.3 和 3.9，对板材 VVOC 整体气味特征轮廓形成具有重要作用。两种厚度规格 WB-MDF 的整体气味特征轮廓相似，但 18 mm WB-MDF 气味特征轮廓更为丰富。厚度由 8 mm 增加到 18 mm，板材的辛辣气味和果香气味强度分别增加了 2.3 和 2.2，厚度的改变直接导致板材辛辣和果香气味强度的增强，而酒香的气味强度仅增加了 0.2，变化不明显。厚度对两种厚度规格 WB-MDF 气味特征轮廓的影响作用既表现在气味类型上，同时又表现在气味强度上。

由图 4-16（c）可以发现，果香是两种厚度规格 NC-MDF 最主要的气味特征轮廓，气味强度分别为 5.3 和 7.1。此外，辛辣、酒香和醚样气味对板材整体气味特征轮廓起辅助修饰作用。厚度的改变对板材 VVOC 气味特征轮廓的影响不同。板材厚度由 8 mm 增加到 18 mm，果香气味强度增加了 1.8，酒香和醚样气味变化不显著，而辛辣气味强度下降了 2.5。同时板材新增了甜香的气味特征轮廓，气味类型增多，气味特征轮廓谱图表达也更为丰富。厚度对于 NC-MDF VVOC 气味特征的影响不仅仅表现在气味类型的增多上，更表现在气味强度的增强上。

　　由以上试验结果可以发现，厚度会在一定程度上影响漆饰板材 VVOC 气味特征轮廓谱图的高效表达，只是影响程度不同。随着板材厚度的增加，WB-MDF 和 NC-MDF 的气味类型增多且气味强度增强。而厚度对于 PU-MDF 气味释放的影响作用不显著，仅在 VVOC 气味强度上表现出细微变化，这与 WB-MDF 和 NC-MDF 的气味特征轮廓谱图表达存在明显差别。

　　图 4-17 为不同厚度规格漆饰中密度纤维板 VVOC 气味特征轮廓谱图。可以看出，两种厚度规格 WB-MDF 的整体气味特征轮廓明显小于其他三种类型板材，具有较少的气味类型和较低的气味强度。由图 4-17（a）可以看出，果香是 8 mm MDF、PU-MDF 和 NC-MDF 的主要气味特征轮廓，气味强度分别为 3.0、4.9 和 5.3，辛辣气味是 8 mm WB-MDF 的主要气味特征轮廓，气味强度为 2.0。对中密度纤维板素板进行表面涂饰后，板材的主要气味特征轮廓会因漆料的类型不同而发生变化，同时气味强度也会呈现不同程度的改变。与同厚度规格中密度纤维板素板相比，PU-MDF 和 NC-MDF 中的果香气味强度分别增加了 1.9 和 2.3，而 WB-MDF 却降低了 1.3。PU-MDF、WB-MDF 和 NC-MDF 中的酒香气味强度分别下降了 0.8、1.4 和 0.8，表面涂饰对酒香气味特征具有较好的抑制作用。辛辣气味呈现出与酒香气味特征完全不同的变化规律，不同漆饰板材的辛辣气味强度分别

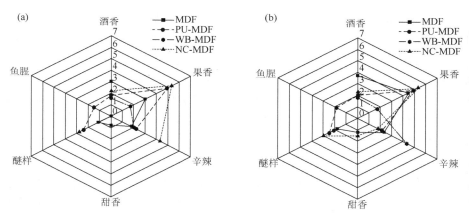

图 4-17　两种厚度规格不同漆饰中密度纤维板 VVOC 气味特征轮廓谱图
（a）8 mm 厚度；（b）18 mm 厚度

增加了 0.4、0.2 和 2.5，表面涂饰对于辛辣气味的释放具有不同程度的促进作用。此外，表面涂饰也会增加新的气味特征，丰富板材气味特征轮廓谱图表达。PU-MDF 中新增加的鱼腥味特征通常被认为是室内"异味"产生的根源之一，这主要归因于 N, N-二甲基甲酰胺的存在，因此需要适当延长板材陈放时间，同时需要加大空气流通速率来消除板材产生的"异味"问题，从而获得更为安全健康的室内环境。

由图 4-17（b）可以看出，果香同样是 18 mm MDF、PU-MDF 和 NC-MDF 的主要气味特征轮廓，气味强度分别是 4.4、4.9 和 7.1，辛辣气味是 WB-MDF 的主要气味特征，气味强度为 4.3。与 18 mm 中密度纤维板素板相比，PU-MDF、WB-MDF 和 NC-MDF 中果香的气味强度分别增加了 1.9、0.9 和 2.7，表面涂饰对板材果香气味的释放具有明显的促进作用，但影响程度不同。而表面涂饰对板材酒香气味的释放具有显著的抑制作用，气味强度分别降低了 1.7、1.9 和 1.4。此外，PU-MDF 和 NC-MDF 中的辛辣气味强度分别下降了 0.2 和 0.5，WB-MDF 却增加了 2.0。表面涂饰对辛辣气味的影响作用表现出无规则性变化，具体表现为因漆而异。

综合上述分析可以发现，不同厚度规格的同一类型漆饰板材的气味特征轮廓大体相似。而不同的漆饰板材会产生不同的气味特征轮廓，果香是各漆饰中密度纤维板的主要气味特征轮廓。对中密度纤维板进行表面涂饰总体上可以促进板材果香气味的释放，同时抑制酒香的气味特征，而辛辣气味却表现出无规律性变化。此外，表面涂饰过程也会产生其他气味特征轮廓。为降低板材产生的"异味"问题，建议适当增加板材的陈放时间并增大空气流通速率来改善室内空气质量，降低漆饰人造板释放的有害物质和不良气味对人体的危害和对生活的影响。

4.2　不同饰面人造板 VVOC 释放健康风险评价

德国建筑产品健康评价委员会（AgBB）建立的《建筑物室内空气质量要求：建筑产品释放挥发性有机化合物（VVOC、VOC 和 SVOC）健康性评价程序》[Health-related Evaluation Procedure for Volatile Organic Compounds Emissions（VVOC，VOC and SVOC）from Building Products]综合考虑了多种指标特性对建筑产品健康等级的影响，基于较为全面的指标对材料的健康环保水平进行分析评价，具有很高的借鉴意义。

由于化合物化学结构的一些微小变化可能会对生物活性产生重大影响，特别是与受体进行结合的有毒化合物，因此有必要确定最低的评价标准对化合物的健康风险进行合理评估。

最低暴露水平（lowest concentration interest，LCI）是单体化合物释放的最低暴露水平，也是单体化合物健康风险评估的重要辅助参数。高于此暴露水平的单体化合物即可能会对人体健康产生一定影响。根据 LCI 标准指南中的相关要求，当测试舱内的单体化合物浓度超过 5 μg/m³ 时，应该使用各自的校准系数进行量化评估。对于每一个单体化合物 i，其危害指数 $R_i = C_i/LCI_i$，其中 C_i 为单体化合物 i 的质量浓度（μg/m³），LCI_i 为单体化合物 i 的最低暴露水平（μg/m³）。如果 R_i 值＜1，则说明该单体化合物对人体没有影响。当检测到测试舱内的几种单体化合物浓度＞5 μg/m³ 时，假设存在累加效应，则危害指数 R 应为所有单体化合物 i 的危害指数之和，即 $R = \sum R_i$。然而由于研究和试验数据不足，一些化合物的 LCI 值无法直接获得，此时应使用交叉参照法、成分分组法以及类比的毒理学评估等预测方法对 LCI 值进行判定。为充分避免细微化学结构差异对毒性的影响分析，应该使用相似结构参考化合物的最低浓度标准来进一步判断和评估化合物的 LCI 值。对于使用上述方法仍然无法得到 LCI 值的化合物，则应将其纳入"LCI 未知化合物"的分类中。

　　本部分内容将使用德国 AgBB 中的评价程序作为研究基础，主要关注板材 28 d 后的指标特征。在关注 VVOC 的同时，对气味强度也加以关注，综合评价板材的健康风险。由于气味化合物成分复杂并且多种气味化合物之间可以发生相互作用，本节内容仅以融合效应来量化分析板材的总气味强度。需要量化分析的主要指标包括：$TVVOC_{28}$、R 值、LCI 未知化合物浓度 $\sum R_i$ 和总气味强度 TOI_i。相关评估程序参见王启繁（2018）的研究报道，具体如图 4-18 所示。

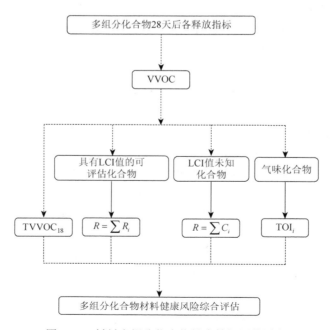

图 4-18　材料多组分化合物健康等级评价过程

根据板材 VVOC 组分的 LCI 值计算得到各组分的危害指数 R。由图 4-19 和表 4-1 可以看出，不同类型饰面人造板 VVOC 组分的 R 值不尽相同，但都远远小于 1。8 mm 饰面人造板 VVOC 组分中的最大 R 值为 0.3900，为 PU-MDF 和 NC-MDF 中的 N,N-二甲基甲酰胺组分所有。8 mm 饰面中密度纤维板（MDF、MI-MDF、PVC-MDF、PU-MDF、WB-MDF、NC-MDF）和饰面刨花板（PB、MI-PB、PVC-PB）的 R 值分别为 0.1572、0.1100、0.1033、0.5561、0.3453、0.5732、0.2069、0.1636、0.0864。通过这些数据可以看出，板材经过贴面材料装饰处理后，其 R 值会降低。与相同类型的素板相比，饰面中密度纤维板（MI-MDF、PVC-MDF）和饰面刨花板（MI-PB、PVC-PB）的 R 值分别降低了 0.0472、0.0539 和 0.0433、0.1205。对板材进行贴面处理不仅可以起到降低板材 $TVVOC_{28}$ 和 TOI_{28} 的作用，同时还可以

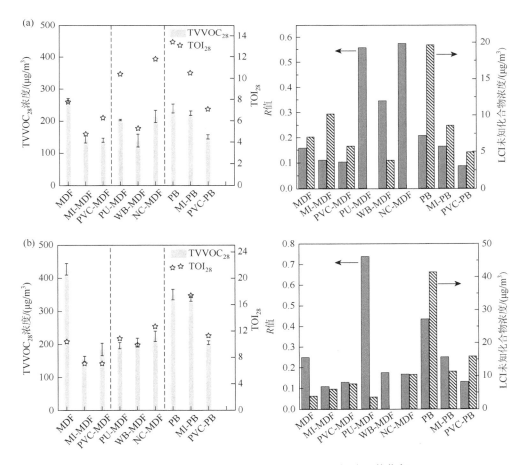

图 4-19　不同厚度规格饰面人造板 VVOC 组分评价指标

（a）8 mm 厚度；（b）18 mm 厚度

表 4-1　8 mm 饰面人造板 VVOC 组分评价指标 R_i 值

VVOC	分子式	LCI/($\mu g/m^3$)	R_i MDF 系列						R_i PB 系列		
			MDF	MI-MDF	PVC-MDF	PU-MDF	WB-MDF	NC-MDF	PB	MI-PB	PVC-PB
二氯甲烷	CH_2Cl_2	—	—	—	—	x	x	x	—	—	—
乙醇	C_2H_6O	1860	0.0535	0.0452	0.0515	0.0319	0.0294	0.0392	0.0232	0.0271	0.0137
1-丁醇	$C_4H_{10}O$	3000	0.0299	x	x	x	x	x	0.0252	0.0191	0.0177
1,2-丙二醇	$C_3H_8O_2$	2500	x	x	x	0.0368	0.0242	0.0287	x	x	x
丙酮	C_3H_6O	1200	0.0307	0.0130	0.0185	x	x	x	0.0378	0.0462	0.0252
3-甲基-2(5H)-呋喃酮	$C_5H_6O_2$	—	—	—	x	x	x	x	—	—	x
4-甲基-2(5H)-呋喃酮	$C_5H_6O_2$	—	x	x	—	x	x	x	x	x	x
乙酸乙酯	$C_4H_8O_2$	3620	0.0061	0.0048	0.0035	0.0032	0.0021	0.0024	0.0055	0.0060	0.0061
2-甲基-2-丙烯酸甲酯	$C_5H_8O_2$	110	x	x	x	0.0774	0.0590	0.0795	x	x	x
乙酸	$C_2H_4O_2$	1250	x	0.0062	x	x	x	x	0.0081	0.0044	0.0012
四氢呋喃	C_4H_8O	1500	0.0044	x	x	0.0168	x	0.0176	0.0114	0.0095	0.0075
乙醛	C_2H_4O	1200	x	x	x	x	x	0.0158	x	x	x
戊醛	$C_5H_{10}O$	800	x	x	x	x	x	x	x	0.0086	x
1,4-二噁烷	$C_4H_8O_2$	73	0.0326	0.0408	0.0298	x	x	x	0.0957	0.0427	0.0150
1-丁胺	$C_4H_{11}N$	—	x	x	x	—	x	x	x	x	x
N,N-二甲基甲酰胺	C_3H_7NO	15	x	x	x	0.3900	0.2306	0.3900	x	x	x
ΣR_i	—	—	0.1572	0.1100	0.1033	0.5561	0.3453	0.5732	0.2069	0.1636	0.0864
$TVVOC_{28}$	—	—	265.74	146.35	139.31	202.59	137.98	214.12	238.68	223.92	150.26
TOI_i	—	—	7.80	4.80	6.30	10.40	5.30	11.80	13.4	10.50	11.30
ΣC_i	—	—	7.02	10.16	5.70	0	3.84	0	19.58	8.56	4.89

注："—"代表无可用数值；"x"代表未检测到该 VVOC 组分。

降低板材的危害指数，是解决挥发性气体污染物释放的可行途径之一。而对于一些 LCI 未知化合物来说，贴面处理同样可以降低其释放浓度，这一点在饰面刨花板中表现得尤为显著，8 mm MI-PB 和 PVC-PB 中 LCI 未知化合物浓度分别降低了 11.02 μg/m³ 和 14.69 μg/m³。而对于漆饰中密度纤维板来说，表面涂饰会降低板材的 $TVVOC_{28}$ 浓度和 LCI 未知化合物浓度水平，但同时也会增加 TOI_{28} 和危害指数 R 值。经过涂料涂饰后，PU-MDF、WB-MDF 和 NC-MDF 的危害指数 R 值分别增加了 0.3989、0.1881 和 0.4160，这与 N,N-二甲基甲酰胺较低的 LCI 值直接相关，因此需要加以关注。

由图 4-19 和表 4-2 可以看出，贴面材料和表面涂饰都可显著降低 18 mm 饰面人造板 VVOC 的释放浓度，同时贴面材料也可抑制板材 VVOC 气味的释放。但表面涂饰总体上会增加板材的气味强度，PU-MDF 和 NC-MDF 的气味强度分别增加了 0.4 和 2.3，WB-MDF 的气味强度大小与 MDF 相当。18 mm PU-MDF 的危害指数 R 值最大，为 0.7390，这同样与 N,N-二甲基甲酰胺较低的 LCI 值有关。经过贴面处理和表面装饰后，不同饰面人造板的危害指数 R 值总体呈现下降趋势。与相同类型的素板相比，MI-MDF、PVC-MDF、WB-MDF、NC-MDF、MI-PB、PVC-PB 的危害指数 R 值分别降低了 0.1422、0.1209、0.0743、0.0810、0.1852、

表 4-2　18 mm 饰面人造板 VVOC 组分评价指标 R_i 值

| VVOC | 分子式 | LCI/ (μg/m³) | R_i | | | | | | | | |
| | | | MDF 系列 | | | | | | PB 系列 | | |
			MDF	MI-MDF	PVC-MDF	PU-MDF	WB-MDF	NC-MDF	PB	MI-PB	PVC-PB
二氯甲烷	CH_2Cl_2	—	—	—	—	x	x	x	—	—	—
乙醇	C_2H_6O	1860	0.1242	0.0507	0.0629	0.0338	0.0311	0.0365	0.0301	0.0408	0.0190
1-丁醇	$C_4H_{10}O$	3000	0.0330	x	x	x	x	x	0.0313	0.0249	0.0225
1,2-丙二醇	$C_3H_8O_2$	2500	x	x	x	0.0318	0.0340	0.0407	x	x	x
丙酮	C_3H_6O	1200	0.0326	0.0150	0.0217	x	x	x	0.0500	0.0657	0.0302
3-甲基-2(5H)-呋喃酮	$C_5H_6O_2$	—	x	—	x	x	x	x	x	x	x
4-甲基-2(5H)-呋喃酮	$C_5H_6O_2$	—	x	x	—	x	x	x	x	x	x
乙酸乙酯	$C_4H_8O_2$	3620	0.0086	0.0064	0.0065	0.0028	0.0026	0.0024	0.0060	0.0089	0.0072
2-甲基-2-丙烯酸甲酯	$C_5H_8O_2$	110	x	x	x	0.0670	0.0741	0.0702	x	x	x
乙酸	$C_2H_4O_2$	1250	x	0.0054	x	x	x	x	0.0254	0.0220	0.0051
四氢呋喃	C_4H_8O	1500	0.0128	0.0038	0.0042	0.0156	0.0172	0.0180	0.0166	0.0104	0.0089

续表

VVOC	分子式	LCI/ $(\mu g/m^3)$	R_i								
			MDF 系列						PB 系列		
			MDF	MI-MDF	PVC-MDF	PU-MDF	WB-MDF	NC-MDF	PB	MI-PB	PVC-PB
乙醛	C_2H_4O	1200	x	x	x	x	0.0155	x	x	x	x
戊醛	$C_5H_{10}O$	800	x	x	x	x	x	x	x	0.0086	x
1,4-二噁烷	$C_4H_8O_2$	73	0.0376	0.0253	0.0326	x	x	x	0.2754	0.0683	0.0368
1-丁胺	$C_4H_{11}N$	—	x	x	x	x	x	x	x	x	x
N,N-二甲基甲酰胺	C_3H_7NO	15	x	x	x	0.5880	x	x	x	x	x
3-甲基丁醛	$C_5H_{10}O$	—	x	x	x	x	x	—	x	x	x
$\sum R_i$	—	—	0.2488	0.1066	0.1279	0.7390	0.1745	0.1678	0.4348	0.2496	0.1297
$TVVOC_{28}$	—	—	426.78	156.25	183.66	196.05	205.27	223.65	350.41	337.80	204.31
TOI_i	—	—	10.40	7.10	7.10	10.90	10.00	12.70	21.60	17.40	11.30
$\sum C_i$	—	—	3.85	6.06	7.59	3.61	0	10.36	41.37	11.34	15.88

注："—"代表无可用数值；"x"代表未检测到该 VVOC 组分。

0.3051。饰面人造板中的 LCI 未知化合物浓度表现为无规律性变化，增减程度大小不同。

　　由上述分析结果可以看出，两种厚度规格中密度纤维板素板和刨花板素板具有较高的 VVOC 释放浓度、气味强度和危害指数，因此不建议将其直接作为家具和室内装饰材料使用。如果确需使用，则应该适当延长板材的陈放时间并加大空气流通速率。更为重要的是，源头控制可能是减少饰面人造板 VVOC 和气味释放的有效途径之一。板材生产商应该开发利用更为绿色、环保的有机溶剂来替代醇类、酮类和酯类溶剂的使用，同时使用改性胶黏剂和低气味强度的木材原料，这些有效得当的措施均可提高饰面人造板的环保水平，保障室内人居环境健康。对人造板进行贴面装饰是降低 VVOC 释放的有效举措之一，贴面后板材的 VVOC 浓度、气味强度和危害指数明显降低，可作为家具和室内装饰材料使用。VVOC 和气味的释放是基材、板材厚度、贴面材料以及环境因素共同影响的结果。不同基材类型的人造板 VVOC 和气味的释放特性存在明显差异。通过试验数据对比分析可知，本实验选取的材料，三聚氰胺浸渍胶膜纸贴面材料对中密度纤维板 VVOC 和气味释放的抑制作用优于 PVC 材料，而 PVC 材料对刨花板 VVOC 和气味释放的封闭作用效果优于三聚氰胺浸渍胶膜纸贴面材料。因此，当居住者选用这些饰面人造板作为家具和室内装饰材料使用时，MI-MDF 和 PVC-PB 是首要选择对象。当然，使用者需根据实际需要合理确定饰面板材厚度，可能的情况下尽量选择厚度薄的饰面人造板，同时注意加强室内通风，进一步降低板材因 VVOC 带来的健康风险问题。对于漆饰中密度纤维板来说，表面涂饰处理虽然降低了板材 VVOC 的释放浓度，但同时也会增加板材的气味强度，因此需要格外关注。NC-MDF 因其具有较高的 VVOC 释放浓度和气味强度，不提倡其在喷涂后的短时间内使用。建议在使用前的一段时间内将其置于通风良好处，以降低板材 VVOC 和气味释放的影响。由于 PU-MDF 和 WB-MDF 两种板材 VVOC 和气味释放的水平较低，因此它们是家具和室内装饰选择时较为理想的材料。综合考虑 PU-MDF 和 WB-MDF 的 $TVVOC_{28}$、TOI_{28}、危害指数 R 值，WB-MDF 可能更适用于室内使用。

VVOC 只是饰面人造板挥发性有机污染物中的一种类型，并不能代表材料的全部释放水平和所有环保信息。当这些饰面人造板被应用于室内时，还应同步考虑饰面人造板 VOC、SVOC 和低分子量羰基化合物的释放情况，同步构建起挥发性有机化合物释放的结构信息网，从而更加系统全面地评估材料的环保性能和健康风险。

4.3 本 章 小 结

（1）饰面人造板 VVOC 和气味的释放是一个极为复杂的过程，板材厚度和贴面材料是影响 VVOC 和气味释放的重要因素指标。因此，选择合适的板材厚度和贴面材料对于降低人造板 VVOC 和气味的释放至关重要，这对于改善和提高室内空气质量具有重要意义。

（2）板材厚度和贴面材料会直接影响饰面中密度纤维板 VVOC 和气味的释放。18 mm 饰面中密度纤维板释放的 TVVOC 浓度均大于 8 mm 饰面中密度纤维板，板材厚度对 TVVOC 的释放水平具有显著影响。MI-MDF 和 PVC-MDF 的 TVVOC 浓度明显低于相同厚度中密度纤维板素板，贴面材料对 VVOC 的释放具有明显的封闭作用且厚度对于饰面中密度纤维板 TVVOC 的影响效果不如 MDF 显著。乙醇、1-丁醇、丙酮、乙酸乙酯和四氢呋喃是两种厚度规格中密度纤维板素板释放的主要 VVOC 组分。厚度由 8 mm 增加到 18 mm，乙醇、四氢呋喃和乙酸乙酯分别增加了 131.18%、188.17% 和 41.36%，这三种 VVOC 组分的释放浓度强烈依赖于板材厚度。两种厚度规格的 PVC-MDF 和 MI-MDF 释放的主要 VVOC 组分均为醇类、酮类和酯类，随着板材厚度的增加，乙醇，丙酮和乙酸乙酯的释放浓度分别增加了 22.09%、15.57%、82.99% 和 2.54%、15.42%、31.95%。PVC-MDF 和 MI-MDF 中的乙醇、丙酮和乙酸乙酯的释放浓度低于相同厚度规格的中密度纤维板素板，三聚氰胺浸渍胶膜纸和 PVC 两种贴面材料对醇类、酮类和醚类 VVOC 具有明显的封闭作用，尤其对 1-丁醇和四氢呋喃的抑制作用更为显著。三聚氰胺浸渍胶膜纸贴面材料在抑制部分 VVOC 的同时也促进了其他 VVOC 组分的释放。两种厚度规格中密度纤维板素板的 VVOC 总气味强度最高，分别为 7.8 和 10.4。厚度和贴面材料对 VVOC 气味的释放具有一定的影响作用，且厚度对中密度纤维板素板 VVOC 气味释放的影响作用大于饰面中密度纤维板，而两种贴面材料对 VVOC 气味的释放均具有一定的抑制作用。混合香和果香是饰面中密度纤维板的主要气味特征轮廓，厚度和贴面材料会在一定程度上影响板材 VVOC 气味特征轮廓谱图的特征表达。厚度对中密度纤维板素板 VVOC 气味释放的影响仅表现在气味强度上，而对饰面中密度纤维板的影响作用既表现在气味类型上，又表现在气味强度上。贴面材料对 VVOC 气味的释放具有封闭作用，PVC-MDF 和 MI-MDF 的气味特征轮廓小于同厚度规格中密度纤维板素板。在选择家具和室内装饰材料时，MI-MDF 是首要选择，同时尽可能使用薄的 MI-MDF。此外，源头控制可能是减少饰面中密度纤维板 VVOC 释放的最有效途径之一。

（3）板材厚度和贴面材料会在一定程度上影响饰面刨花板 VVOC 和气味的释放。8 mm PB、MI-PB、PVC-PB 的 VVOC 释放种类分别也是 9 种、10 种、8 种，18 mm PB、MI-PB、PVC-PB 的 VVOC 释放种类分别为 9 种、10 种、8 种。两种厚度规格饰面刨花板 TVVOC 释放浓度均表现为：PB＞MI-PB＞PVC-PB，饰面刨花板的 TVVOC 释放浓度始终小于相同厚度规格的刨花板素板。贴面材料对刨花板 VVOC 释放具有一定的封闭作用，且 PVC 材料的封闭作用比三聚氰胺浸渍胶膜纸更为优异。同种饰面条件下不同厚度规格的刨花板 TVVOC 释放浓度均表现为：18 mm＞8 mm，不同饰面刨花板 TVVOC 释放浓度的大小受厚度影响程度不同。18 mm PB 的 TVVOC 释放浓度较 8 mm PB 增加了 46.82%，MI-PB 与 PVC-PB 也分别增加了 48.74% 和 35.98%。饰面刨花板释放的 VVOC 主成分是醇类和酮类，主成分的占比情况随厚度和贴面材料的变化而发生改变，其他 VVOC 组分占比情况较为稳定。不同厚度、不同饰面条件下刨花板整体气味特征轮廓主要由香味和甜香决定，辛辣气味作为基本气味特征对整体气味特征轮廓的形成起到辅助修饰作用。饰面处理后同厚度规格饰面刨花板整体气味强度降低，辛辣气味和酸味这两种基本特征气味强度减少，PVC 贴面材料对气味化合物的抑制效果优于三聚氰胺浸渍胶膜纸。饰面刨花板气味强度较高的气味特征化合物为醇类、酮类、醚类和酯类。随着板材厚度的增加，气味特征化合物的总气味强度也增大。不同厚度、不同饰面条件下，刨花板各个气味特征化合物释放浓度及气味强度存在差异，且气味强度与释放浓度和气味阈值有关，不同化合物之间不符合"浓度高则气味强度大"的变化规律。

（4）不同厚度规格漆饰中密度纤维板 TVVOC 释放浓度介于 137.98～

223.65 μg/m³。与相同的中密度纤维板素板相比，8 mm PU-MDF、WB-MDF 和 NC-MDF 的 TVVOC 浓度分别降低了 23.76%、48.08%、19.42%，18 mm 厚度分别降低了 54.06%、51.90% 和 47.60%。表面涂饰可以降低板材 VVOC 的释放浓度，水性涂料对板材 VVOC 释放的抑制效果优于聚氨酯漆和硝基漆。厚度对水性漆涂饰中密度纤维板 TVVOC 的影响作用大于聚氨酯漆涂饰和硝基漆涂饰。醇类、酯类和醚类是不同厚度规格 PU-MDF、WB-MDF 和 NC-MDF 释放的主要 VVOC 组分，所占比例较大。醇类组分中的 1,2-丙二醇的释放浓度较高，该物质的主要作用是提高涂料在低温下的流动性和稳定性，同时改善涂料的抗冻性能。两种厚度规格 WB-MDF 释放的 VVOC 种类最少，为 6 种，这对于减少 VVOC 种类具有重要贡献。经油漆涂饰后 1-丁醇、丙酮、二氯甲烷和 1,4-二噁烷被完全抑制，同时 1,2-丙二醇、2-甲基-2-丙烯酸甲酯、1-丁胺和 N,N-二甲基甲酰胺的释放浓度增加。表面涂饰处理可以在一定程度上抑制板材 VVOC 的释放，同时也会促进其他 VVOC 组分的释放。NC-MDF 的 VVOC 总气味强度最高，分别为 11.8 和 12.7，WB-MDF 的 VVOC 总气味强度最低，分别为 5.3 和 10.0。厚度可在一定程度上影响板材 VVOC 总气味强度，但不显著。不同类型油漆表面涂饰会导致板材 VVOC 总气味强度的变化不尽相同，水性漆涂饰对板材 VVOC 总气味强度的封闭作用明显优于聚氨酯漆饰和硝基漆饰。辛辣气味和果香是不同厚度规格漆饰板材的主要气味特征轮廓，对板材整体气味形成起重要决定性作用。厚度对 PU-MDF 气味释放的影响仅表现在气味强度上，而对于 WB-MDF 和 NC-MDF 却表现在气味类型和气味强度两个方面。两种厚度规格 WB-MDF 的整体气味特征轮廓明显小于其他三种类型板材，具有较少的气味类型和较低的气味强度。表面涂饰总体上促进了果香气味的释放，抑制了酒香的气味特征，辛辣则呈现出无规则变化，具体表现为因漆而异。

（5）正确选择板材厚度、贴面材料和表面涂饰是减少板材挥发性有机污染物的有效途径，同时合理控制材料使用量，板材使用前进行合理陈放，加大通风量也是提高室内空气质量的必要举措。综合分析评估板材的各项指标，MI-MDF 和 PVC-PB 可能更适合用作家具和室内装饰材料，而水性涂料则更适合在室内空间内使用。

参 考 文 献

黄天顺，许可，尚昱忻，等. 2020. 装载率对饰面胶合板 VOCs 释放影响的研究. 森林工程，36（5）：78-84.

蒋利群，赵政，沈隽，等. 2020. 中纤板 VOCs 释放对室内空气品质影响评估. 林业科学，56（7）：135-414.

李爽，沈隽，江淑敏. 2013. 不同外部环境因素下胶合板 VOC 的释放特性. 林业科学，49（1）：179-184.

李信，周定国. 2004. 人造板挥发性有机物（VOCs）的研究. 南京林业大学学报（自然科学版），（3）：19-22.

卢志刚，王启繁，孙桂菊，等. 2020. 多种 VOC 共存评估法对饰面刨花板的危害性研究. 森林工程，36（2）：49-54，80.

王启繁. 2018. 饰面刨花板气味释放特性及环境因素影响研究. 哈尔滨：东北林业大学.

王鑫，傅强，忽波. 2018. 基于 GC-O 和 OAV 方法的前壁板隔音垫气味物质研究. 汽车零部件，125（11）：70-74.

杨锐，徐伟，梁星宇，等. 2018. 实木床头柜 VOC 及异味气体释放组分分析. 家具，39（2）：24-27.

于海霞，郑洪连，方崇荣，等. 2012. 人造板 VOCs 检测方法与限量规定. 浙江林业科技，32（2）：65-70.

朱丽娴，陈胜，林勤保，等. 2020. 再生纸和原纸中挥发性化合物的 HS-GC-MS 鉴别及检测. 分析试验室，39（12）：1405-1411.

Chung H Y，Yung I K S，Ma W C J，et al. 2002. Analysis of volatile components in frozen and dried scallops (*Patinopecten yessoensis*) by gas chromatography/mass spectrometry. Food Research International，35（1）：43-53.

Cullere L，de Simon B F，Cadahia E，et al. 2013. Characterization by gas chromatography-olfactometry of the most odor-active compounds in extracts prepared from acacia，chestnut，cherry，ash and oak woods. LWT-Food Science and Technology，53（1）：240-248.

Faix O，Meier D，Fortmann I. 1990. Thermal degradation products of wood-gas-chromatographic separation and mass-spectrometric characterization of monomeric lignin derived products. Holz Roh Werkst，48：281-285.

Jarnstrom H，Saarela K，Kalliokoski P，et al. 2007. Reference values for structure emissions measured on site in new residential buildings in Finland. Atmospheric Environment，41（11）：2290-2302.

Kim S. 2009. Control of formaldehyde and TVOC emission from wood-based flooring composites at various manufacturing processes by surface finishing. Journal of Hazardous Materials，176（1-3）：14-19.

Kim S. 2010. The reduction of formaldehyde and VOCs emission from wood-based flooring by green adhesive using cashew nut shell liquid（CNSL）. Journal of Hazardous Materials，182（1-3）：919-922.

Kim S，Kim J A，Kim H J，et al. 2006. The effects of edge sealing treatment applied to wood-based composites on formaldehyde emission by desiccator test method. Polymer Testing，25（7）：904-911.

Wang W，Shen J，Liu M，et al. 2022. Comparative analysis of very volatile organic compounds and odors released from decorative medium density fiberboard using gas chromatography-mass spectrometry and olfactory detection. Chemosphere，309（P1）：136484.

第5章 环境因素对漆饰中密度纤维板VVOC及气味释放的影响

随着社会的快速发展，人类的生活水平得到显著提高，越来越多的人更加注重室内装饰装修的质量。漆饰人造板作为家具制作和室内装饰的一种常用板材，所释放的 VVOC 组分和气味问题通常会受到多种因素的影响。除厚度、贴面材料和表面涂饰处理外，板材所处的环境条件也是影响 VVOC 和气味释放的重要因素指标。在实际使用过程中，温湿度的变化会对漆饰人造板 VVOC 和气味释放产生不同程度的影响。为掌握和解决家具和室内装饰的异味问题，本章内容将在前期研究工作的基础上，采用 15 L 环境舱结合多填料吸附管，通过 TD-GC-MS/O 技术分析不同环境条件下聚氨酯漆涂饰中密度纤维板和水性漆涂饰中密度纤维板 VVOC 释放的基本情况，同时探究环境温度和相对湿度对板材气味变化的影响。本章内容旨在探索漆饰人造板在不同环境条件下的释放特性，为漆饰人造板挥发性有机污染物的后续治理和气味控制提供基础研究数据。目前国内外已经存在一些环境条件对饰面人造板 VOC 和气味释放特性的研究报道，而有关环境条件对漆饰人造板 VVOC 和气味释放特性的影响分析却鲜有报道。

5.1 试验材料与研究方法

5.1.1 试验材料的选择

为探究环境因素（温度、相对湿度）对漆饰中密度纤维板 VVOC 和气味释放的影响，本章选用聚氨酯漆涂饰中密度纤维板（PU-MDF）和水性漆涂饰中密度纤维板（WB-MDF）作为试验材料，具体涂饰方法参见本书第 2 章。样品的尺寸规格为 150 mm（长度）×75 mm（宽度）×8 mm（厚度）。

5.1.2 气体采样及分析方法

使用 15 L 环境舱和多填料吸附管对不同环境条件下试验样品释放的挥发性气体进行采集。图 5-1 为 15 L 环境舱装置结构示意图。该结构主要由气体供应装置和湿度控制装置（a）、环境舱平衡释放系统（b）和气体采样系统（c）三部分组成，同时该结构装置同步配备了外置水浴加热系统，以维持舱内温度恒定。此外，该环境舱搭配了高精度温湿度传感器，以连续监测舱内的温湿度数值变化情况。当油漆涂饰处理过程结束，漆膜完全干燥固化后的第 1 天为本次试验开始的时间，分别在第 1 天、第 3 天、第 7 天、第 14 天、第 21 天和第 28 天对试验样品释放的气体组分进行周期性采集分析，试验周期为 28 天。除样品采集的时间外，其他间隔时间需将样品移至通风良好的地方使其自然释放。试验样品相关的参数设置及试验条件信息如表 5-1 和表 5-2 所示。

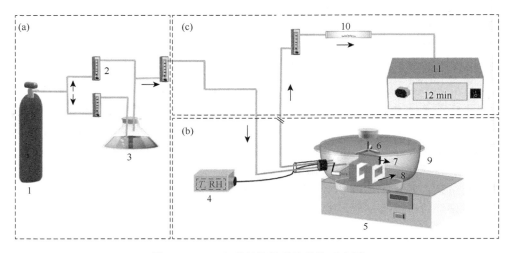

图 5-1　15 L 小型环境舱系统结构示意图

1. 氮气；2. 转子流量计；3. 调湿水瓶；4. 温湿度传感器；5. 恒温水浴锅；6. 铝制风扇；7. 试验材料；
8. 样品架；9. 15 L 小型环境舱；10. 采样吸附管；11. 微型气体采样泵

表 5-1　相关试验参数信息

试验参数	数值信息	试验参数	数值信息
总暴露面积/m^2	2.25×10^{-2}	气体交换率/(次/h)	1.0
环境舱体积/m^3	1.5×10^{-2}	温度/℃	(23/30/40)±2
装载率/(m^2/m^3)	1.5	相对湿度/%	(30/50/70)±5

表 5-2　试验条件

试验编号	试验条件	温度/℃	相对湿度/%	气体交换率/(次/h)
A_1、A_2、A_3	温度	23/30/40	50	1
B_1、B_2、B_3	相对湿度	23	30/50/70	1

注：研究过程中只考虑单一因素对试验结果的影响。

气体样品采集完成后，使用热脱附全自动进样器和热脱附仪对吸附管内的气体样品进行解析进样，解析后的气体样品进入气相色谱-质谱（GC-MS）联用仪进行鉴别分析，其中化合物定量分析参考国家标准 GB/T 29899—2013《人造板及其制品中挥发性有机化合物释放量试验方法　小型释放舱法》。在 GC-MS 运行的基础上运用 GC-O 技术组合成 GC-MS-O 技术。使用 Sniffer 9100 型气味检测仪（Brechbuhler AG 生产，瑞士）对试验样品释放的气味组分进行分析研究。从气相毛细管柱流出来的气体组分按照 1∶1 比例被分成两部分，一部分进入 MS 检测器进行定性定量分析，另一部分进入嗅觉检测仪进行感官评价。

5.2　环境条件对聚氨酯漆涂饰中密度纤维板 VVOC 和气味释放的影响

5.2.1　环境温度对聚氨酯漆涂饰中密度纤维板 VVOC 和气味释放的影响

1. 环境温度对聚氨酯漆涂饰中密度纤维板 TVVOC 和 TOI 的影响分析

在试验编号 A_1、A_2、A_3 和 B_2 的组合方案下对 28 天试验周期内聚氨酯漆涂饰中密度纤维板（PU-MDF）释放的 VVOC 和气味进行研究分析，得到不同环境温度下 PU-MDF 的 TVVOC 浓度和总气味强度（TOI）值，具体试验结果见表 5-3。

表 5-3　不同环境温度下聚氨酯漆涂饰中密度纤维板 TVVOC 浓度和 TOI 值变化趋势

试验周期/天	A_1B_2（23℃）		A_2B_2（30℃）		A_3B_2（40℃）	
	TVVOC 浓度/ ($\mu g/m^3$)	TOI 值	TVVOC 浓度/ ($\mu g/m^3$)	TOI 值	TVVOC 浓度/ ($\mu g/m^3$)	TOI 值
1	704.19	15.7	742.29	16.1	792.79	17.4
3	639.32	15.2	696.42	14.1	769.01	14.5
7	487.70	9.7	656.94	13.7	744.02	14.3
14	217.35	7.7	524.96	13.0	587.90	13.7
21	205.84	6.1	421.99	10.1	402.99	12.3
28	202.59	10.4	320.62	10.7	329.50	11.5

根据不同环境温度下 PU-MDF 的 TVVOC 浓度和 TOI 值随时间的变化趋势，得到图 5-2。为便于后续试验结果分析，将试验过程中的 1～3 天、7～14 天和 21～28 天分别定义为释放初期、释放中期和释放后期。

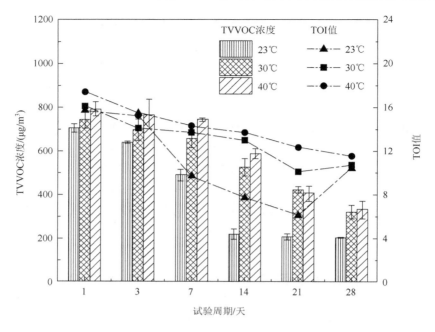

图 5-2　不同环境温度下聚氨酯漆涂饰中密度纤维板 TVVOC 浓度和 TOI 值变化趋势

　　可以发现，PU-MDF 的 TVVOC 浓度和 TOI 值强烈依赖于时间的改变，即随着时间的不断延长，不同环境温度下 PU-MDF 的 TVVOC 浓度和 TOI 值均呈现出明显下降趋势直至达到相对稳定的平衡状态。在释放初期，PU-MDF 的 TVVOC 浓度相对较高且浓度差异不大，变化速率较小。在释放中期，PU-MDF 内部 VVOC 组分快速释放且释放速率明显大于释放初期。然而，在释放后期，PU-MDF 的 TVVOC 浓度变化速率趋于缓慢，VVOC 组分的释放速率减小直至趋于平衡稳定。在不同温度的影响下，PU-MDF 在同一时期内释放的 VVOC 组分浓度也不尽相同，释放速率的大小和达到平衡状态所需要的时间也会因此而发生改变。

　　从图 5-2 可以看出，在释放初期的第 1 天，三种温度条件下 PU-MDF 的 TVVOC 浓度均达到最大值，释放浓度依次为 704.19 μg/m³、742.29 μg/m³ 和792.79 μg/m³。随环境温度升高，PU-MDF 的 TVVOC 浓度增大，与 23℃时相比，30℃和 40℃时的 TVVOC 浓度分别增加了 38.10 μg/m³（5.41%）和 88.60 μg/m³（12.58%）。在释放中期的第 14 天，随环境温度升高，板材 TVVOC 浓度增幅分别为 141.53%和 170.48%。在释放后期的第 28 天，随温度升高，板材 TVVOC 释放浓度增幅分别为 58.26%和 62.64%。其余各释放阶段板材 TVVOC 浓度排序总体遵循 40℃＞30℃＞23℃。由此可以看出，在整个释放过程中，温度对板材的 TVVOC 浓度具有显著影响，呈现出温度越高，释放浓度越大的特性，但在各个阶段的影响程度不同，对释放中期的影响明显大于释放初期和释放后期。升高温度会在一定程度上促进 PU-MDF 中 VVOC 组分的释放，这主要是因为升高温度可以加速板材内部及漆膜表面气体分子的热运动，使得分子之间的相互作用力降低，同时材料内部气体分子热扩散、解吸附、蒸发及化学反应的速率增加，板材对 VVOC 气体分子的吸附容量和吸附能力降低，从而导致板材挥发性组分大速率、高释放的情况出现。另外，环境温度的升高也会引起混合蒸气压的改变，这使得环境舱内的蒸气压与外界蒸气压之间产生了一定的压力差值，由此加剧了板材中挥发性组分的释放。此外，根据传质原理，升高温度也可减小传质阻力，增大传质通量和扩散系数，上述因素共同作用导致板材 TVVOC 释放浓度的增加。

同样可以看出，温度也会在一定程度上影响 PU-MDF 的 TOI 值。在释放初期，温度对板材 TOI 的影响不显著且未呈现出明显的规律性。在第 1 天，当温度由 23℃升高到 30℃时，板材的 TOI 值仅增加了 0.4；当温度由 30℃继续升高到 40℃时，板材的 TOI 值增加了 1.3。而在释放的第 3 天，23℃下的板材 TOI 值均高于 30℃和 40℃，这主要是因为气味化合物的气味强度并不与其释放浓度呈现正相关，化合物浓度高并不代表气味更浓，还与化合物的阈值大小有关。此外，气味感官评价员的主观差异也会略微影响化合物的气味强度，这也一并需要被考虑在试验结果内。在释放中期和释放后期，温度对板材 TOI 值的影响较为显著且表现出较为明显的规律性。随着温度的升高，板材的 TOI 值呈现递增的趋势，具体表现为 40℃ TOI＞30℃ TOI＞23℃ TOI。在第 7 天、第 14 天和第 21 天，当温度升高到 30℃时，TOI 值分别增加了 4.0、5.3 和 4.0。当温度由 30℃继续升高到 40℃时，TOI 值分别增加了 0.6、0.7 和 2.2。在相对稳定的第 28 天，温度对板材 TOI 值的影响不是十分明显，TOI 值的变化较小。

随着时间的不断推移，PU-MDF 的 TVVOC 浓度和 TOI 值不断降低，释放后期第 28 天时不同温度条件下的 TVVOC 释放浓度分别为 202.59 $\mu g/m^3$、320.62 $\mu g/m^3$ 和 329.50 $\mu g/m^3$，TOI 值分别为 10.4、10.7 和 11.5，与释放初期第 1 天相比分别下降了 501.60 $\mu g/m^3$（71.23%）、421.67 $\mu g/m^3$（56.81%）和 463.29 $\mu g/m^3$（58.44%），TOI 值分别降低了 5.3、5.4 和 5.9，这也更加说明了时间是影响板材 TVVOC 浓度和 TOI 值的关键因素指标，涂饰后的板材不建议在室内直接使用，需要进行更长时间的陈放处理，同时加强通风，以快速降低板材挥发性污染物和气味的释放水平。

2. 环境温度对聚氨酯漆涂饰中密度纤维板 VVOC 组分的影响分析

在 A_1、A_2、A_3 和 B_2 的组合方案下对 28 天试验周期内 PU-MDF 的 VVOC 各

组分进行统计分析, 结果见表 5-4。根据统计的试验结果, 将板材释放的 VVOC 组分划分为以下 8 种类别, 分别为醇类、酯类、醚类、醛类、酮类、烷烃类、烯烃类和其他类物质。

表 5-4　不同环境温度下聚氨酯漆涂饰中密度纤维板 VVOC 组分及其释放浓度

试验周期/天	试验编号	VVOC 各组分的释放浓度/($\mu g/m^3$)							
		醇类	酯类	醚类	醛类	酮类	烷烃类	烯烃类	其他类
1	A_1B_2	140.98	42.18	110.13	36.71	4.78	369.41	0	0
	A_2B_2	203.34	145.55	0	0	193.47	28.11	0	171.82
	A_3B_2	238.10	223.59	0	0	176.11	152.07	0	2.92
3	A_1B_2	173.15	23.59	71.27	27.35	5.49	338.47	0	0
	A_2B_2	184.96	242.08	0	0	222.11	44.37	0	2.90
	A_3B_2	207.90	219.20	0	0	0	120.60	0	221.30
7	A_1B_2	197.83	4.98	22.82	0	0	258.96	0	3.11
	A_2B_2	119.31	319.36	0	0	151.69	63.28	0	3.30
	A_3B_2	133.54	312.72	0	0	146.23	147.94	0	3.59
14	A_1B_2	101.95	11.07	18.26	0	0	0	0	86.07
	A_2B_2	180.07	167.78	0	0	148.79	25.09	0	3.23
	A_3B_2	227.04	187.31	0	0	122.88	47.06	0	3.61
21	A_1B_2	119.15	3.34	11.38	0	0	0	0	71.97
	A_2B_2	197.89	117.15	0	0	0	95.76	0	11.19
	A_3B_2	159.54	86.92	0	0	113.92	35.28	0	7.33
28	A_1B_2	151.40	20.11	25.24	0	0	0	0	5.84
	A_2B_2	169.48	51.29	0	0	0	26.05	0	73.80
	A_3B_2	156.81	66.80	0	37.83	12.11	35.40	2.19	18.36

由表 5-4 可以看出, 醇类、酯类、酮类、烷烃类和其他类物质是不同环境温度下 PU-MDF 释放的主要 VVOC 组分, 占比很大。在整个试验周期内, 23℃下的酯类 VVOC 释放量并不是很高, 浓度介于 3.34～42.18 $\mu g/m^3$。从整体情况来看, 在一定范围内升高温度可以明显促进 PU-MDF 中醇类、酯类和酮类 VVOC 的释放。在释放初期的第 1 天, 23℃条件下 PU-MDF 中醇类和酯类 VVOC 的释放浓度分别为 140.98 $\mu g/m^3$ 和 42.18 $\mu g/m^3$。当温度升高到 30℃时, 两种组分的释放浓度分别升高了 44.23% 和 245.07%。当温度继续升高到 40℃时, 这些组分的释放浓度又分别增加了 17.09% 和 53.62%。与此同时, 酮类 VVOC 的释放则更易受到温度的影响, 随着温度的升高, 酮类 VVOC 释放浓度显著增大。但是温度会显著降

低醚类 VVOC 的释放，当温度从 23℃分别升高到 30℃和 40℃时，醚类 VVOC 的释放浓度均降为 0。在释放后期（21～28 天），醇类 VVOC 处于相对稳定的释放水平，酯类 VVOC 增幅减缓，温度对二者的促进作用明显减弱。

　　为了更加清晰直观地分析温度对 PU-MDF 各 VVOC 组分的影响，分别选用释放初期（第 1 天）、释放中期（第 14 天）和释放后期（第 28 天）中的 VVOC 组分进行对比分析，结果如图 5-3 所示。

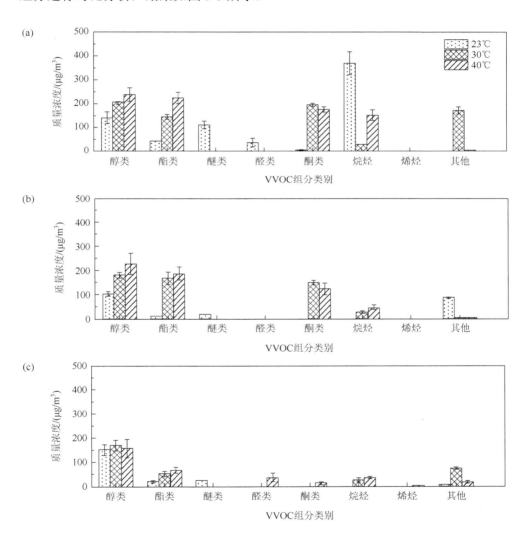

图 5-3　不同环境温度下聚氨酯漆涂饰中密度纤维板 VVOC 各组分变化趋势

（a）第 1 天；（b）第 14 天；（c）第 28 天

图 5-3 为不同环境温度下 PU-MDF 的 VVOC 各组分变化趋势。从图 5-3 可以看出，升高温度加速了 PU-MDF 中醇类、酯类和酮类 VVOC 的释放，但各个阶段的影响程度不同。在释放初期和释放中期，温度对醇类、酯类和酮类 VVOC 的促进作用特别显著。升高温度，酮类 VVOC 的释放浓度显著增加，增幅均达到数倍之多。在第 14 天，23℃时 PU-MDF 中醇类和酯类的释放浓度分别为 101.95 μg/m³ 和 11.07 μg/m³。当温度升高到 30℃时，醇类和酯类 VVOC 释放浓度增幅明显，醇类物质增加了 76.62%，酯类物质增加了 14 倍多。当温度由 30℃升高到 40℃时，二者分别增加了 26.08% 和 11.64%。在第 28 天相对稳定的状态时，醇类、酯类 VVOC 释放浓度的增幅均变得缓慢，温度对这些组分的影响不如释放初期和释放中期显著。由 23℃分别升高到 30℃和 40℃，醇类 VVOC 释放浓度仅增加了 11.94% 和 3.57%，酯类物质增加了 1.5 倍和 2.3 倍左右。此外，研究还发现醚类物质仅在低温条件下被检测出来。烷烃类 VVOC 在释放开始阶段（1~7 天）受温度的影响明显，具体呈现出"低温大释放，高温小释放"的特性。释放周期 1~28 天内醇类不易挥发掉。

3. 环境温度对聚氨酯漆涂饰中密度纤维板 VVOC 气味释放的影响分析

利用 GC-MS-O 技术在 A_1B_2（温度 23℃±2℃，相对湿度 50%±5%、气体交换率 1 次/h）、A_2B_2（温度 30℃±2℃，相对湿度 50%±5%，气体交换率 1 次/h）、A_3B_2（温度 40℃±2℃，相对湿度 50%±5%，气体交换率 1 次/h）的试验条件下对 PU-MDF 释放的 VVOC 气味进行检测分析。为了更加清晰地探究不同环境温度对板材 VVOC 气味释放的影响规律，分别选用释放初期（第 1 天）和释放后期（第 28 天）两个试验过程对 PU-MDF 释放的 VVOC 气味组分进行对比分析，结果如表 5-5 和图 5-4 所示。

表 5-5　不同环境温度下聚氨酯漆涂饰中密度纤维板 VVOC 气味化合物组分

序号	VVOC 气味化合物	气味特征	气味强度					
			释放初期			释放后期		
			A_1B_2	A_2B_2	A_3B_2	A_1B_2	A_2B_2	A_3B_2
1	乙醇	酒香	2.5	2.5	2.4	1.8	2.3	2.4
2	乙酸乙酯	果香	1.5	3.4	3.8	2.5	2.5	2.7
3	2-甲基-2-丙烯酸甲酯	辛辣/刺激性	2.0	2.5	2.3	2.2	—	—
4	四氢呋喃	果香	3.4	—	—	2.4	—	—
5	二氯甲烷	甜香	3.6	2.4	—	—	2.4	2.4
6	乙醛	果香	2.7	—	—	—	—	2.7

续表

序号	VVOC 气味化合物	气味特征	气味强度					
			释放初期			释放后期		
			A_1B_2	A_2B_2	A_3B_2	A_1B_2	A_2B_2	A_3B_2
7	丙酮	辛辣/刺激性	—	2.8	2.7	—	—	—
8	丙酮酸	醋香	—	2.5				
9	环丙甲醇	芳香	—	—	2.1			
10	三氯甲烷	特殊气味/甜香	—	—	1.8	—	1.1	1.3
11	异丁烷	刺激性			2.3			
12	N,N-二甲基甲酰胺	鱼腥味				1.5		
13	组胺	刺激性/氨臭味	—	—	—	—	2.4	

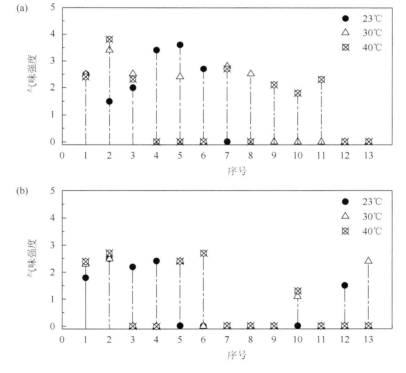

图 5-4　不同环境温度下聚氨酯漆涂饰中密度纤维板 VVOC 气味化合物强度水平

（a）释放初期；（b）释放后期。序号所指与表 5-5 中的一致由表 5-5 可以看出，在释放初期和释放后期，不同环境温度下 PU-MDF 共检测到 13 种 VVOC 气味特征化合物，分别是乙醇（酒香、1 号）、乙酸乙酯（果香、2 号）、2-甲基-2-丙烯酸甲酯（辛辣/刺激性、3 号）、四氢呋喃（果香、4 号）、二氯甲烷（甜香、5 号）、乙醛（果香、6 号）、丙酮（辛辣/刺激性、7 号）、丙酮酸（醋香、8 号）、环丙甲醇（芳香、9 号）、三氯甲烷（特殊气味/甜香、10 号）、异丁烷（刺激性、11 号）、N, N-二甲基甲酰胺（鱼腥味、12 号）、组胺（刺激性/氨臭味、13 号），其中 N, N-二甲基甲酰胺和组胺 VVOC 气味化合物具有明显的刺激性不良气味，这可能是造成室内"异味"的根源之一。在释放初期，PU-MDF 中仅有 3 种 VVOC 组分的气味强度大于 3，分别是四氢呋喃、二氯甲烷和乙酸乙酯，气味强度分别为 3.4（A_1B_2）、3.6（A_1B_2）、3.4（A_2B_2）和 3.8（A_3B_2），这些 VVOC 组分是板材气味的重要贡献者。其他 VVOC 气味化合物的强度多处于中等水平。在释放后期，所有被感官评价人员识别到的 VVOC 气味化合物，其气味强度均小于 3，无更大气味强度的 VVOC 组分出现。

由图 5-4 可以发现，温度对板材 VVOC 气味化合物的释放具有一定的促进作用。在释放初期，23℃时 PU-MDF 共释放了 6 种 VVOC 气味组分，30℃和 40℃条件下分别释放了 6 种和 7 种 VVOC 气味化合物。温度对乙酸乙酯（2 号）、2-甲基-2-丙烯酸甲酯（3 号）和丙酮（7 号）的影响显著，随着温度的升高，二者的气味强度整体呈现递增的趋势。当环境温度从 23℃升高到 30℃时，乙酸乙酯和 2-甲基-2-丙烯酸甲酯的气味强度分别增加了 1.9 和 0.5，丙酮的气味强度增加了 2.8，但这种 VVOC 气味组分在 23℃时未被检测出来。当温度继续升高到 40℃时，乙酸乙酯的气味强度仅增加了 0.4，而 2-甲基-2-丙烯酸甲酯和丙酮的气味强度基本保持不变，但仍然高于 23℃时的气味强度，此时受温度的影响较小。与此同时，升高温度也会促进丙酮酸（8 号）、环丙甲醇（9 号）、三氯甲烷（10 号）和异丁烷（11 号）气味组分的释放，但影响程度却有所不同。40℃下环丙甲醇、三氯甲烷和异丁烷的气味强度分别为 2.1、1.8 和 2.3。此外，四氢呋喃和乙醛也会受到温度的影响，当温度升高到 30℃时，二者的气味强度分别从 3.4 和 2.7 降低至 0。继续升高温度，也未能检测到两种气味组分的存在。在释放初期，乙醇的气味强度基本稳定，受温度的影响很小。

在释放后期，温度对板材 VVOC 气味组分种类的影响不明显，三种试验温度条件下均检测到 5 种 VVOC 气味组分。升高温度，醇类和烷烃类组分的气味强度均有所增加。乙酸乙酯受温度的影响较小，气味强度基本保持不变。与释放初期类似，升高温度同样会降低四氢呋喃的气味强度，其气味强度在 30℃和 40℃时均降低至 0。

综上所述，温度会在一定程度上影响板材 VVOC 气味组分的释放，但在不同释放阶段的表现形式不同。在释放初期，温度主要影响酯类、酮类、醚类和烷烃类气味组分的释放。在释放后期，醇类、醚类和烷烃类组分受温度的影响较大。此外，温度也会影响板材气味化合物的种类和特征，升高温度，VVOC 气味化合物种类增多且气味特征更为复杂多样。

4. 不同环境温度下聚氨酯漆涂饰中密度纤维板 VVOC 气味特征轮廓表达分析

气味的形成极其复杂，不同种气味组分之间存在着多种相互作用（如融合、协同、拮抗、掩蔽和无关效应）。为了更加清晰的掌握 PU-MDF 的 VVOC 气味特征轮廓的表达，本研究仅以融合作用对 PU-MDF 释放的 VVOC 气味特征轮廓进行分析，同时选用释放初期（第 1 天）和释放后期（第 28 天）两个试验阶段阐述环境温度对 PU-MDF 气味特征轮廓的表达效果，研究结果见图 5-5。

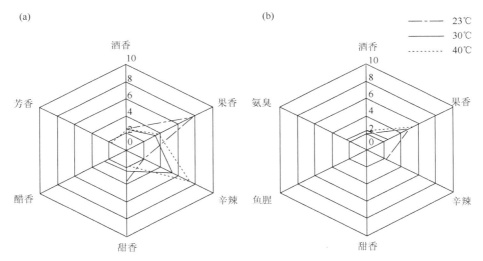

图 5-5　不同环境温度条件下聚氨酯漆涂饰中密度纤维板 VVOC 气味特征轮廓谱图
（a）释放初期；（b）释放后期

图 5-5 为不同环境温度条件下 PU-MDF 的 VVOC 气味特征轮廓谱图。可以发现，释放初期的气味特征轮廓分布明显大于释放后期，并且释放初期的气味特征轮廓比释放后期更为丰富。酒香、果香、辛辣、甜香、醋香和芳香 6 种气味特征共同构成了 PU-MDF 释放初期的气味特征轮廓谱图。当温度为 23℃时，果香是重要的气味类型，气味强度为 7.6，对气味特征轮廓的表达起主要决定性作用，其次为甜香和酒香，气味强度分别为 3.6 和 2.5，对板材的整体气味特征轮廓起到辅助性修饰作用。当温度升高到 30℃时，板材的主要气味特征发生了改变，辛辣气味

作为板材主要的气味特征轮廓，气味强度为 5.3，其次为果香，气味强度为 3.4，二者对板材整体气味的形成具有重要的贡献。酒香、醋香和甜香的气味强度分别为 2.5、2.5 和 2.4，这三种气味类型作为板材潜在的特征轮廓，对整体气味形成具有基础性修饰作用。当温度为 40℃时，辛辣气味仍然是板材主要的气味特征轮廓，气味强度为 7.3，其次为果香，气味强度为 3.8，二者构成了该温度条件下板材的主体气味特征轮廓。随着温度的升高，PU-MDF 的气味类型发生了改变，整体上从果香转变为辛辣气味且气味类型增多，气味特征轮廓的表达更为丰富。温度从 23℃升高到 30℃时，酒香的气味强度无明显变化，果香和甜香的气味强度分别降低了 4.2 和 1.2，而辛辣气味特征的总强度却增加了 3.3。温度继续升高时，辛辣和醋香的气味强度变化较大，前者气味强度增加了 2.0，而后者气味强度降低至 0。

由图 5-5（b）可以看出，酒香、果香、辛辣、甜香、鱼腥和氨臭气味共同组成了 PU-MDF 释放后期的主要气味特征轮廓。温度为 23℃时，果香是板材主要的气味特征轮廓，气味强度为 4.9。当温度升高到 30℃时，甜香作为主要气味特征轮廓，其气味强度为 3.5。温度继续升高到 40℃时，果香和甜香是板材主要的气味特征轮廓，气味强度分别为 5.4 和 3.7。当环境温度发生改变时，板材的气味特征轮廓经历了由果香到甜香再到果香的转变过程，但整体气味令人愉悦。升高温度，酒香和甜香的气味强度增加，而果香的气味强度呈现出先减小后增加，最后略微增加的变化趋势。

综合上述分析可以看出，板材的气味特征轮廓在不同的释放阶段会有不同的表现形式。

温度会在一定程度上影响板材的气味特征轮廓分布。整体来看，温度在改变 VVOC 组分气味强度的同时，也丰富了板材的气味特征轮廓分布。果香、甜香和辛辣这三种气味特征强烈依赖于温度的改变，同时也会受到时间的影响，在不同的释放时期会呈现出不同的表达效应。

5.2.2 相对湿度对聚氨酯漆涂饰中密度纤维板 VVOC 和气味释放的影响

1. 相对湿度对聚氨酯漆涂饰中密度纤维板 TVVOC 和 TOI 的影响分析

在试验编号 A_1 和 B_1、B_2、B_3 的组合方案下对 28 天试验周期内 PU-MDF 释放的 VVOC 和气味进行研究分析，得到不同相对湿度（RH）条件下 PU-MDF 的 TVVOC 浓度和 TOI 值，具体试验结果见表 5-6。

表 5-6　不同相对湿度条件下聚氨酯漆涂饰中密度纤维板 TVVOC 浓度和 TOI 值变化趋势

试验周期/天	A₁B₁（30%）		A₁B₂（50%）		A₁B₃（70%）	
	TVVOC 浓度/ (μg/m³)	TOI 值	TVVOC 浓度/ (μg/m³)	TOI 值	TVVOC 浓度/ (μg/m³)	TOI 值
1	672.02	14.5	704.19	15.7	774.59	17.3
3	624.67	13.6	639.32	15.2	731.55	12.6
7	482.66	10.9	487.70	9.7	745.73	12.1
14	474.26	9.9	217.35	7.7	618.63	12.9
21	459.20	10.7	205.84	6.1	454.36	10.5
28	386.62	8.4	202.59	10.4	396.33	10.3

为便于后续试验结果分析，将试验过程中的 1～3 天、7～14 天和 21～28 天分别定义为板材的释放初期、释放中期和释放后期，将 1～14 天和 21～28 天分别定义为释放第 I 阶段和释放第 II 阶段。

根据不同 RH 条件下 PU-MDF 的 TVVOC 浓度和 TOI 值随时间的变化趋势绘制图 5-6。从表 5-6 和图 5-6 中可以看出，随着时间的不断延长，不同 RH 条件下 PU-MDF 的 TVVOC 浓度和 TOI 值整体上呈现出递减的变化趋势直至达到第 28 天相对稳定的状态，板材 TVVOC 浓度和 TOI 值的变化趋势强烈依赖于时间。RH 的增加会在一定程度上影响板材 VVOC 组分的释放，同时也会缩短板材达到平衡状态所需要的时间。在释放初期，PU-MDF 的 TVVOC 浓度相对较高且浓度变化差异不明显，变化速率较小。在释放的第 1 天，温度为 23℃，RH 30% 的条件下，PU-MDF 的 TVVOC 浓度为 672.02 μg/m³。当 RH 增加到 50% 时，TVVOC 浓度增加了 32.17 μg/m³，增幅为 4.79%。当 RH 继续增大到 70% 时，TVVOC 浓度增加了 70.40 μg/m³，增幅为 10.00%。在第 3 天时，RH 由 30% 增加到 50%，再由 50% 增加到 70% 时，板材 TVVOC 浓度分别增加了 2.34% 和 14.43%。在整个释放初期，RH 的改变对板材 TVVOC 浓度的影响较小，同时板材 TVVOC 浓度的下降趋势随时间的变化不显著，释放浓度差异不明显。在释放中期，不同相对湿度条件下 TVVOC 浓度随时间的延长而呈现出不同的变化规律。在释放的第 7 天和第 14 天，温度为 23℃，RH 30% 的试验条件下，TVVOC 浓度分别为 482.66 μg/m³ 和 474.26 μg/m³，二者浓度相差不大，TVVOC 基本保持稳定。当 RH 达到 50% 和 70% 时，TVVOC 浓度随时间的改变呈现出不同程度的衰减，从第 7 天到第 14 天，TVVOC 浓度分别降低了 55.43% 和 17.04%。在释放的第 7 天，当 RH 由 30% 增加到 50% 时，TVVOC 浓度未发生显著性变化，释放浓度仅增加了 5.04 μg/m³。当 RH 继续增加到 70% 时，TVVOC 浓度的增幅为 52.91%。而在第 14 天，当 RH 由 30% 增加到 50% 时，TVVOC 浓度却下降了 54.17%，这主要是因为 50% 湿度条件下的板材在第 14 天已趋于平衡状态,后期受到 RH 的影响程度较小。当 RH 由 50%增加到 70% 时,TVVOC 浓度再次增加了 184.62%。在整个释放后期,板材 TVVOC浓度相对稳定,此释放过程中板材 VVOC 的释放受 RH 的影响程度较小。王敬贤在研究结果中也发现高相对湿度条件可以促进挥发性组分的释放,这与本试验研究结果相类似。此外,在其他有关竹地板和胶合板材的试验研究中也得到了相类似的结论。

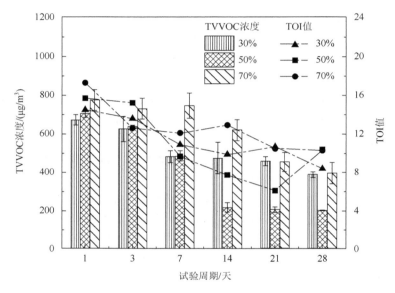

图 5-6　不同相对湿度条件下聚氨酯漆涂饰中密度纤维板 TVVOC 浓度和 TOI 值变化趋势

不难发现,RH 主要影响板材 VVOC 释放的第 I 阶段,在第 1~7 天,板材的TVVOC 浓度总体遵循 RH 70%＞RH 50%＞RH 30%。而在释放第 II 阶段,TVVOC浓度受 RH 的影响不如第 I 阶段显著,特别是在平衡稳定时期,TVVOC 浓度几乎未随着 RH 的改变而发生变化,受 RH 的影响程度很小,这意味着平衡稳定状态下RH 对 PU-MDF 中 VVOC 的释放影响可以忽略。在释放第 I 阶段,TVVOC 浓度与RH 成正比。RH 越大,TVVOC 释放浓度越高。究其原因可能是因为在第 I 阶段过程中,材料内部存在大量游离的 VVOC 气体分子,此时边界层中的扩散和对流传质是挥发性有机化合物释放的主要过程,随着 RH 增加,更多的水分子将占据材料表面的吸附位点,然后逐渐侵入材料内部,加速材料内部组分的水解并改变材料内部的孔隙结构,从而促进更多 VVOC 组分的释放。然而,在第 II 阶段过程中,材料中的大部分游离气体组分已经释放到环境舱中,与此同时 VVOC 的释放也会受到材料传质过程的影响和限制,导致释放后期 RH 对板材 VVOC 组分的影响减小。

人造板在使用过程中会释放出 VOC、VVOC 等挥发性有机污染物，其释放过程主要包括以下 3 个阶段：①气体分子在人造板内部的扩散过程，这一过程主要受到材料内部气体分子扩散系数的控制，为分子扩散过程；②气体分子在人造板侧界面-环境空气侧界面之间的传质过程，主要受到分隔系数的影响；③气体分子在环境空气中的传质过程。

RH 对板材挥发性组分释放的影响机制极为复杂。研究表明，RH 对挥发性组分的扩散系数具有显著影响。RH 的增大会增加挥发性组分的扩散系数，从而导致挥发性组分释放浓度的增加。与此同时，从材料中释放出来的挥发性气体组分多数均难溶于水。由于挥发性气体组分不能溶于水，导致水和 VVOC 分子之间可能会存在着某种竞争关系，以占据材料中的更多吸附位点。增大 RH 将会提高材料中的水分子含量，使其占据更多的吸附位点，这将增加水和挥发性气体分子之间的竞争，导致挥发性组分的吸附量减少，从而降低了挥发性组分的 K 值，促使更多的气体组分从材料中释放出来。此外，RH 也会影响环境中的水蒸气压，RH 越大，环境中的水蒸气压越大，此时其与材料内部水蒸气压两者间的水蒸气压梯度差会减小，进而导致材料内部水蒸气蒸发速率变小。而材料内部水蒸气的蒸发过程需要吸收大量热量，在吸收热量的同时会阻碍挥发性组分的释放。因此，在高湿度条件下材料内部水蒸气蒸发对挥发性组分释放的阻碍作用要低于在低湿度条件下的阻碍作用，从而促使更多的挥发性组分被释放出来。

从表 5-6 和图 5-6 中也可以发现，RH 也会在一定程度上影响板材的 TOI 值，但不是十分显著。在释放初期的第 1 天，三种 RH 条件下板材的 TOI 值均达到最大值，分别为 14.5、15.7 和 17.3。当 RH 由 30%增加到 50%时，TOI 增加了 1.2。当 RH 由 50%继续增大到 70%时，TOI 增加了 1.6。而在第 3~14 天，RH 对板材TOI 的影响规律不明显，但均表现为较高湿度（RH 50%和 RH 70%）条件下的 TOI值大于低湿度条件下的 TOI 值。而在释放后期，RH 对板材 TOI 的影响程度不尽相同。在第 21 天，当 RH 由 30%增加到 50%，再增加到 70%时，板材的 TOI 值分别降低了 4.6 和 0.2。而在第 28 天时，相同试验条件下板材的 TOI 值分别增加了 2.0 和 1.9。王启繁在试验中也发现了相对湿度会在一定程度上促进木材挥发性组分和气味释放的研究结论。

2. 相对湿度对聚氨酯漆涂饰中密度纤维板 VVOC 组分的影响分析

在 A_1 和 B_1、B_2 和 B_3 的组合条件下对 28 天试验周期内 PU-MDF 的 VVOC 各组分进行统计分析，结果见表 5-7。根据试验结果，将 VVOC 组分划分为以下 7种类别，分别为醇类、酯类、醚类、醛类、酮类、烷烃类和其他类物质。

表 5-7　不同相对湿度条件下聚氨酯漆涂饰中密度纤维板 VVOC 组分及其释放浓度

试验周期/天	试验编号	VVOC 各组分的释放浓度/(μg/m³)							
		醇类	酯类	醚类	醛类	酮类	烷烃类	烯烃类	其他类
1	A₁B₁	197.63	245.46	0	0	0	226.25	0	2.68
	A₁B₂	140.98	42.18	110.13	36.71	4.78	369.41	0	0
	A₁B₃	181.25	292.65	7.55	0	0	54.25	0	238.89
3	A₁B₁	259.77	247.57	0	0	67.88	46.54	0	2.91
	A₁B₂	173.15	23.59	71.27	27.35	5.49	338.47	0	0
	A₁B₃	583.22	16.38	0	0	86.49	41.06	1.66	2.74
7	A₁B₁	269.58	162.83	0	0	0	46.52	0	3.73
	A₁B₂	197.83	4.98	22.82	0	0	258.96	0	3.11
	A₁B₃	437.18	266.77	0	0	0	38.11	0	3.67
14	A₁B₁	213.70	73.49	0	0	183.19	0	0	3.88
	A₁B₂	101.95	11.07	18.26	0	0	0	0	86.07
	A₁B₃	230.61	95.73	0	82.59	205.92	0	0	3.78
21	A₁B₁	238.75	68.06	0	0	0	152.39	0	0
	A₁B₂	119.15	3.34	11.38	0	0	0	0	71.97
	A₁B₃	205.00	122.16	0	101.88	0	25.32	0	0
28	A₁B₁	309.25	77.37	0	0	0	0	0	0
	A₁B₂	151.40	20.11	25.24	0	0	0	0	5.84
	A₁B₃	216.74	110.97	0	65.06	0	0	0	3.56

由表 5-7 可以看出，醇类、酯类、醚类、酮类和烷烃类物质是不同 RH 条件下 PU-MDF 释放的主要 VVOC 组分，这些组分所占比例较大。在整个试验周期范围内，温度为 23℃、RH 30% 的试验条件下均未检测出醚类、醛类和烯烃类 VVOC 组分的存在，它们的释放浓度均为 0。在高 RH 条件下，除第 1 天和第 3 天外，醚类 VVOC 基本保持稳定，释放浓度介于 11.38～25.24 μg/m³。酯类 VVOC 在 RH 50% 的条件下，释放浓度保持稳定，介于 3.34～23.59 μg/m³。从整体情况来看，增大 RH，醇类 VVOC 的释放浓度呈现出先降低后升高的变化趋势或与低 RH 条件下的释放水平相当。出现这一变化的可能原因是：低分子量的醇类 VVOC（主要为乙醇、1,2-丙二醇和 1-丁醇）均含有亲水基团。当在一定范围内增大 RH 时，醇类 VVOC 可以溶解在水分子中，与水分子产生分子间作用力，从而导致醇类组分的含量减少；继续增大 RH 将会明显提高材料中的水分子含量，使其占据更多的吸附位点，增加水分子和醇类气体之间的竞争，导致挥发性组分的吸附量减少，促使更多的醇类 VVOC 从材料中释放出来。同时高湿度条件也会使板材的孔隙结构因吸湿膨胀而发生改变，从而促进更多挥发性组分的释放。RH 增大时酯类 VVOC 在释放初期未表现出较为明显的变化规律，在释放中期和释放后期，整体上随 RH 的增加呈现递增趋势，但在 50% 相对湿度条件下的浓度含量较低。大多

数酯类和烷烃类 VVOC 属于疏水性有机化合物。在材料内部，VVOC 分子和水分子都会占据一定空间，当 RH 增大时，材料内部水分子的蒸发速率减慢，材料内部水分子占据空间增大，这时大多数具备疏水性特性的 VVOC 分子会从材料内部释放出来。因此，增大 RH，加快了板材内部酯类和烷烃类 VVOC 组分的释放。

　　为了更加直观的分析不同 RH 对 PU-MDF 各 VVOC 组分的影响，分别选用释放初期（第 1 天）、释放中期（第 14 天）和释放后期（第 28 天）的 VVOC 组分进行对比分析，结果如图 5-7 所示。

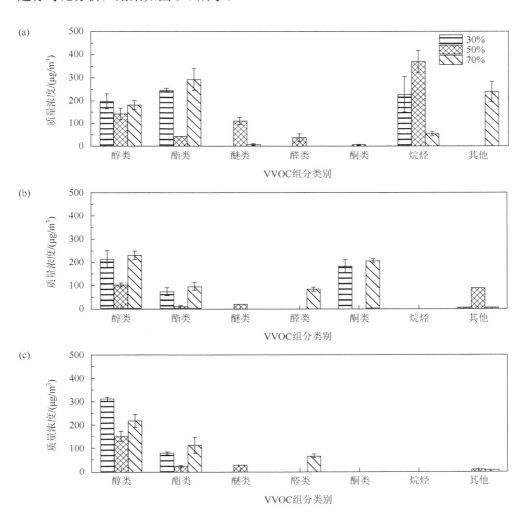

图 5-7　不同相对湿度条件下聚氨酯漆涂饰中密度纤维板 VVOC 各组分变化趋势

（a）第 1 天；（b）第 14 天；（c）第 28 天

图 5-7 为不同 RH 条件下 PU-MDF 的 VVOC 各组分变化趋势。从图 5-7 可以看出，在不同释放时期，RH 对板材 VVOC 组分的影响程度不同。整体来看，增大 RH 可以促进板材酯类、醚类和醛酮类 VVOC 组分的释放。就酯类 VVOC 而言，当 RH 从 30%增加到 70%时，不同释放时期下的浓度增幅分别为 19.22%、30.26% 和 43.43%，RH 对板材酯类组分的影响在释放后期逐渐显现出来。同时发现三个不同释放时期中，只有在 RH 50%的条件下检测到醚类 VVOC 组分的存在，其释放浓度在前期波动较大，而释放后期较为稳定，但均随着 RH 的增大而增加。RH 对不同释放时期醛酮类 VVOC 组分的影响程度不同，但均可促进其释放，这是由于低分子量的醛酮组分含有亲水基团（—CHO），增大 RH 可使亲水性单元吸附更多的水分子，从而使得原本吸附在亲水性单元中的部分醛酮类组分被释放出来，导致其释放浓度增加。

3. 相对湿度对聚氨酯漆涂饰中密度纤维板 VVOC 气味释放的影响分析

利用 GC-MS-O 技术在 A_1B_1（温度 23±2℃，相对湿度 30%±5%，气体交换率 1 次/h）、A_1B_2（温度 23±2℃，相对湿度 50%±5%，气体交换率 1 次/h）、A_1B_3（温度 23±2℃，相对湿度 70%±5%，气体交换率 1 次/h）的试验条件下对 PU-MDF 释放的 VVOC 气味组分进行检测分析。为了更加清晰地探究不同 RH 对板材 VVOC 气味释放特征的影响规律，选用释放初期（第 1 天）和释放后期（第 28 天）两个试验过程对 PU-MDF 释放的 VVOC 成分进行对比分析，结果见表 5-8 和图 5-8。

表 5-8　不同相对湿度条件下聚氨酯漆涂饰中密度纤维板 VVOC 气味特征化合物组分

序号	VVOC 气味化合物	气味特征	气味强度					
			释放初期			释放后期		
			A_1B_1	A_1B_2	A_1B_3	A_1B_1	A_1B_2	A_1B_3
1	乙醇	酒香	2.5	2.5	2.5	2.4	1.8	2.5
2	环丙甲醇	芳香	—	—	—	1.3	—	—
3	乙酸乙酯	果香	3.8	1.5	4.0	2.6	2.5	2.8
4	2-甲基-2-丙烯酸甲酯	辛辣/刺激性	2.4	2.0	2.3	2.1	2.2	2.2
5	四氢呋喃	果香	—	3.4	—	—	2.4	—
6	丁烷	不宜人臭味/刺激性	1.3	—	—	—	—	—
7	二氯甲烷	甜香	2.5	3.6	2.4	—	—	—
8	三氯甲烷	特殊气味/甜香	2.0	—	1.5	—	—	—

续表

序号	VVOC 气味化合物	气味特征	气味强度					
			释放初期			释放后期		
			A_1B_1	A_1B_2	A_1B_3	A_1B_1	A_1B_2	A_1B_3
9	2-甲基丁烷	芳香	—	—	1.8	—	—	—
10	乙醛	果香	—	2.7	—	—	—	2.8
11	丙酮酸	醋香	—	—	2.8	—	—	—
12	N, N-二甲基甲酰胺	鱼腥味	—	—	—	—	1.5	—

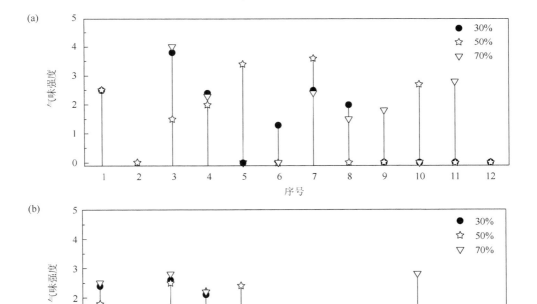

图 5-8　不同相对湿度条件下聚氨酯漆涂饰中密度纤维板 VVOC 气味化合物强度水平

（a）释放初期；（b）释放后期。序号所指与表 5-8 中的一致

　　由表 5-8 可以发现，在释放初期和释放后期，不同相对湿度条件下共检测到 12 种 VVOC 气味特征化合物，分别是乙醇（酒香、1 号）、环丙甲醇（芳香、2

号）、乙酸乙酯（果香、3 号）、2-甲基-2-丙烯酸甲酯（辛辣/刺激性、4 号）、四氢呋喃（果香、5 号）、丁烷（不宜人臭味/刺激性、6 号）、二氯甲烷（甜香、7 号）、三氯甲烷（特殊气味/甜香、8 号）、2-甲基丁烷（芳香、9 号）、乙醛（果香、10 号）、丙酮酸（醋香、11 号）和 N, N-二甲基甲酰胺（鱼腥味、12 号）。在释放初期，PU-MDF 释放的 VVOC 气味化合物种类繁多且气味强度相对较高。A_1B_1、A_1B_2 和 A_1B_3 三种不同试验条件下，PU-MDF 分别释放了 6 种、6 种和 7 种 VVOC 气味特征化合物。而在释放后期，板材释放的 VVOC 气味化合物种类明显减少且气味强度显著降低。在释放初期和释放后期两个阶段中，共有 3 种 VVOC 气味组分的气味强度大于 3，分别是乙酸乙酯、四氢呋喃和二氯甲烷，气味强度分别为 3.8（A_1B_1）、3.4（A_1B_2）、3.6（A_1B_2）和 4.0（A_1B_3），这些 VVOC 组分是板材气味释放的主要贡献者，其他 VVOC 组分的气味强度多处于中等水平。此外还可以发现，释放初期板材 VVOC 组分的气味强度总体上明显大于释放后期。乙酸乙酯（3 号）在释放初期的气味强度分别为 3.8、1.5 和 4.0，在释放后期的气味强度分别为 2.6、2.5 和 2.8，气味强度差值分别为 1.2、−1.0 和 1.2。丁烷、二氯甲烷、三氯甲烷、2-甲基丁烷和丙酮酸仅在释放初期被感官评价人员识别。在释放后期，所有 VVOC 气味组分的气味强度均低于 3，最大气味强度为 2.8，无更大气味强度的 VVOC 组分出现。

由图 5-8 可以发现，RH 对板材 VVOC 气味化合物的强度具有一定的促进作用但不是十分显著。在释放初期，温度为 23℃，RH 30%、RH 50% 和 RH 70% 的试验条件下板材分别释放了 6 种、6 种和 7 种 VVOC 气味化合物。在释放后期，VVOC 气味化合物的释放种类明显减少，相同试验条件下的 VVOC 气味化合物种类分别为 4 种、5 种和 4 种。在释放初期和释放后期两个阶段，乙醇（1 号）和 2-甲基-2-丙烯酸甲酯（4 号）的气味强度未发生明显变化，仅有较小范围的波动现象。对于乙酸乙酯（3 号）来说，当 RH 由 30% 增加到 50% 时，气味强度分别降低了 2.3 和 0.1。当 RH 由 50% 继续增加到 70% 时，其气味强度分别增加了 2.5 和 0.3。RH 对释放初期乙酸乙酯的影响大于释放后期。烷烃类 VVOC 气味化合物仅在释放初期被感官评价人员识别，随着 RH 的增加，二氯甲烷（7 号）的气味强度有所增加或与低湿度条件下的气味强度相当，丁烷（6 号）和三氯甲烷（8 号）的气味强度随 RH 的增加呈现下降趋势，其中前者气味强度降低至 0，后者气味强度降低了 0.5。增大 RH 也会促进其他 VVOC 气味化合物的释放，如乙醛（10 号）、丙酮酸（11 号）和 N, N-二甲基甲酰胺（12 号），但影响程度大小各有不同。

4. 不同相对湿度条件下聚氨酯漆涂饰中密度纤维板 VVOC 气味特征轮廓表达分析

为了更加清晰地掌握 PU-MDF 的 VVOC 气味释放的特征轮廓，本研究仅以融合作用对板材释放的 VVOC 气味进行分析，同时选用释放初期（第 1 天）和释放后期（第 28 天）两个试验阶段阐述不同 RH 对 PU-MDF 气味特征轮廓的表达作用，结果见图 5-9。

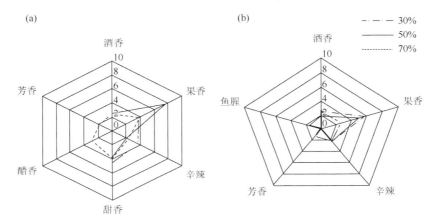

图 5-9　不同相对湿度条件下聚氨酯漆涂饰中密度纤维板 VVOC 气味特征轮廓谱图
(a) 释放初期；(b) 释放后期

图 5-9 为不同 RH 条件下 PU-MDF 的 VVOC 气味特征轮廓谱图。可以发现，释放初期的气味特征轮廓分布明显大于释放后期，且释放初期板材的气味特征轮廓比释放后期更为复杂丰富。由图 5-9（a）可以看出，酒香、果香、辛辣、甜香、醋香和芳香 6 种气味特征共同构成了 PU-MDF 释放初期的气味特征轮廓。当温度为 23℃，RH 30%时，甜香是板材的主要气味特征轮廓，气味强度为 4.5，对气味特征轮廓的表达起决定性作用，其次为果香和辛辣，气味强度分别为 3.8 和 3.7，对板材整体气味特征轮廓起重要修饰作用。当 RH 增大到 50%时，板材的主要气味特征轮廓发生改变，果香作为板材主要的气味特征轮廓，气味强度为 7.6，其次为甜香，气味强度均为 3.6，二者对板材整体气味特征轮廓的分布具有重要的贡献。当 RH 继续增大到 70%时，果香和甜香仍然是板材主要的气味特征轮廓，气味强度分别为 4.0 和 3.9。当环境温度不变，增大 RH 时，PU-MDF 的主要气味类型未出现明显改变，仍然由甜香和果香气味决定。增大 RH，酒香的气味特征未发生明显变化，果香的气味强度分别增加了 3.8 和 0.2。但甜香和辛辣的气味强度出现下降趋势，RH 的增加对板材甜香和辛辣气味具有一定的抑制作用。此外，增大RH 也会使板材的气味类型增多，气味特征轮廓表达更为丰富。

由图 5-9（b）可以发现，酒香、果香、辛辣、芳香和鱼腥气味共同组成了板材释放后期的主要气味特征轮廓。温度为 23℃，RH 30%、RH 50%和 RH 70%时，果香是板材 VVOC 气味释放的主要特征轮廓，气味强度分别为 2.6、4.9 和 5.6。

增大 RH，酒香和辛辣气味特征变化波动较小，受 RH 的影响不显著。当 RH 由 30%增加到 50%时，果香的气味强度增加了 2.3，继续增大 RH 至 70%，其气味强度又增加了 0.7。RH 对释放后期果香气味的释放具有明显的促进作用。此外，增大 RH 也促进了板材芳香和鱼腥气味的释放，但二者的气味强度不高，分别为 1.3 和 1.5。

综合上述分析可以看出，RH 会在一定程度上影响板材 VVOC 的气味特征轮廓表达。

果香、甜香、辛辣和酒香这四种气味类型是不同 RH 条件下 PU-MDF 释放的主要气味特征轮廓。增大 RH 可以促进板材果香气味的释放，降低辛辣和甜香的气味强度，而酒香气味特征基本不受 RH 的影响。RH 在影响板材气味强度的同时也会丰富气味特征轮廓，从而实现了板材 VVOC 气味特征轮廓的高效表达。

5.3 环境条件对水性漆涂饰中密度纤维板 VVOC 和气味释放的影响

5.3.1 环境温度对水性漆涂饰中密度纤维板 VVOC 和气味释放的影响

1. 环境温度对水性漆涂饰中密度纤维板 TVVOC 和 TOI 的影响分析

在试验编号 A_1、A_2、A_3 和 B_2 的组合方案下对水性漆涂饰中密度纤维板（WB-MDF）释放的 VVOC 和气味组分进行探索，对 WB-MDF 在 28 天试验周期中的 VVOC 和气味释放情况进行分析，得到不同环境温度下 WB-MDF 的 TVVOC 浓度和 TOI 值，具体见表 5-9。

表 5-9　不同环境温度下水性漆涂饰中密度纤维板 TVVOC 浓度和 TOI 值变化趋势

试验周期/天	A_1B_2（23℃）		A_2B_2（30℃）		A_3B_2（40℃）	
	TVVOC 浓度/ $(\mu g/m^3)$	TOI 值	TVVOC 浓度/ $(\mu g/m^3)$	TOI 值	TVVOC 浓度/ $(\mu g/m^3)$	TOI 值
1	473.62	13.2	528.38	10.3	656.58	16.6
3	414.87	11.5	430.02	10.8	427.08	13.1
7	369.39	9.3	372.40	10.4	387.90	12.3
14	297.19	8.6	365.85	9.9	314.78	10.7
21	107.79	5.0	361.00	11.3	381.88	10.2
28	137.97	5.3	264.72	9.4	286.74	9.9

根据不同环境温度下 WB-MDF 的 TVVOC 浓度和 TOI 值随时间的变化趋势,绘制图 5-10。为便于后续试验结果分析,将试验过程中的第 1~3 天、第 7~14 天和第 21~28 天分别定义为释放初期、释放中期和释放后期。

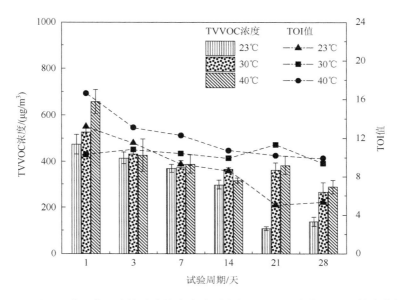

图 5-10　不同环境温度下水性漆涂饰中密度纤维板 TVVOC 浓度和 TOI 值变化趋势

研究发现,WB-MDF 的 TVVOC 浓度同样依赖于时间的变化,即随着试验时间的不断延长,不同环境温度下板材的 TVVOC 浓度均呈现明显的下降趋势。在释放初期和释放中期两个阶段(第 1~14 天)的表现尤为显著。在第 14~21 天,板材 TVVOC 浓度的下降趋势变得缓慢,释放速率变小,之后释放速率有所加快直至达到第 28 天相对平衡稳定的状态。整体来看,WB-MDF 的 TVVOC 浓度呈现出快-慢-快的变化趋势。在释放初期的第 1 天,WB-MDF 的 TVVOC 浓度相对较高,三种环境温度下的 TVVOC 释放浓度均达到最大值,分别为 473.62 μg/m³、528.38 μg/m³ 和 656.58 μg/m³。在第 3 天时,TVVOC 浓度依次降低至 414.87 μg/m³、430.02 μg/m³ 和 427.08 μg/m³,下降幅度分别为 12.40%、18.62% 和 34.95%。在释放中期,板材 TVVOC 浓度波动幅度较小。从第 7 天到第 14 天,TVVOC 浓度的下降幅度分别为 19.54%、1.76% 和 18.85%。而在释放后期的第 21~28 天,TVVOC 释放浓度表现出两种形式,23℃下 TVVOC 浓度增加了 30.18 μg/m³,增幅为 28.00%,而 30℃和 40℃条件下的 TVVOC 浓度分别下降了 26.67% 和 24.91%。在不同环境温度的作用下,WB-MDF 在相同时间内的 VVOC 组分浓度变化也不尽相同,释放速率的大小同样会因温度的改变而发生变化。

从表 5-9 和图 5-10 可以看出,温度对板材 VVOC 的释放具有一定的促进作用,但在不同释放阶段的影响程度不同,在释放初期和释放后期的影响较为显著,而在释放中期的表现不是特别明显。在释放初期的第 1 天,随着温度的升高,WB-MDF 的 TVVOC 浓度呈现明显递增趋势。与 23℃时相比,30℃和 40℃时的 TVVOC 浓度分别增加了 54.76 μg/m³（11.56%）和 182.96μg/m³（38.63%）,40℃时的 TVVOC 浓度较 30℃增加了 128.20μg/m³（24.26%）。在释放中期的第 14 天,环境温度由 23℃升高到 30℃和 40℃时,TVVOC 浓度分别增加了 23.10%和 5.92%,但 TVVOC 浓度数值大小并没有严格遵循 40℃＞30℃＞23℃的释放规律。在释放后期的第 28 天,随环境温度升高,板材 TVVOC 浓度的增幅分别为 91.87%和107.83%。其余各个释放阶段板材 TVVOC 浓度总体上仍然遵循 40℃＞30℃＞23℃的释放规律。由此可以说明,在整个 28 天的试验周期内,温度对板材 VVOC 的释放具有较好的促进作用,但影响程度不尽相同,对 WB-MDF 释放初期和释放后期的影响明显大于释放中期。

同样地,从图 5-10 也可以看出,WB-MDF 的 TOI 值随时间的延长呈现出递减的变化趋势。在释放后期,不同环境温度条件下板材的 TOI 值随时间的变化不明显。温度会在一定程度上影响 WB-MDF 的 TOI 值。在释放初期,温度对板材 TOI 值的影响未呈现出明显的规律,但均表现出 40℃时的 TOI 值大于其他两个温度条件。在释放中期和释放后期两个阶段,温度对板材 TOI 的影响较为显著且呈现出较为明显的规律性。随着环境温度的升高,板材的 TOI 值呈现递增的趋势,整体表现为 40℃＞30℃＞23℃。在板材释放的第 7 天、14 天、21 天和 28 天,当温度从 23℃升高到 30℃时,板材的 TOI 值分别增加了 1.1、1.3、6.3 和 4.1。当温度由 30℃继续升高到 40℃时,TOI 值又分别增加了 1.9、0.8、-1.1 和 0.5。

随着时间的不断推移,WB-MDF 的 TVVOC 浓度和 TOI 值不断降低,第 28 天时不同温度条件下的 TVVOC 浓度分别为 137.97 μg/m³、264.72 μg/m³ 和286.74 μg/m³,TOI 值分别为 5.3、9.4 和 9.9。与释放初期时的第 1 天相比,TVVOC 浓度分别下降了 335.65 μg/m³（70.87%）、263.26 μg/m³（49.90%）和 369.84 μg/m³（56.33%）,TOI 分别下降了 7.9、0.9 和 6.7,这更加说明了时间是影响 WB-MDF 的 TVVOC 浓度和 TOI 值的关键指标因素,表面涂饰后的板材应进行更长时间的陈放处理,不建议直接作为家具或其他装饰材料使用。

2. 环境温度对水性漆涂饰中密度纤维板 VVOC 组分的影响分析

在 A₁、A₂、A₃ 和 B₂ 的组合方案下对 28 天试验周期内 WB-MDF 释放的 VVOC 各组分进行统计分析,结果见表 5-10。根据统计的试验结果,将 VVOC 组分划分为以下 9 种类别,分别为醇类、酯类、醚类、醛类、酮类、烷烃类、烯烃类、酸类和其他类物质。

表 5-10　不同环境温度下水性漆涂饰中密度纤维板 VVOC 组分及其释放浓度

试验周期/天	试验编号	VVOC 各组分的释放浓度/($\mu g/m^3$)								
		醇类	酯类	醚类	醛类	酮类	烷烃类	烯烃类	酸类	其他类
1	A_1B_2	216.53	14.72	37.51	0	0	0	0	0	204.86
	A_2B_2	347.00	129.57	47.02	0	0	2.80	0	0	1.99
	A_3B_2	177.40	132.04	30.66	0	0	122.65	45.09	0	148.74
3	A_1B_2	170.83	21.76	79.98	0	0	142.30	0	0	0
	A_2B_2	245.97	6.75	0	0	0	173.33	0	0	3.97
	A_3B_2	84.51	6.63	0	0	0	69.63	0	29.75	236.55
7	A_1B_2	295.45	6.14	28.96	0	0	0	0	0	38.84
	A_2B_2	228.49	21.94	0	0	0	84.99	0	0	36.98
	A_3B_2	226.72	17.25	2.02	0	0	80.04	0	0	61.87
14	A_1B_2	164.84	4.92	18.83	0	0	34.27	0	0	74.33
	A_2B_2	141.11	18.06	5.37	2.46	0	15.45	0	0	183.40
	A_3B_2	74.00	10.00	0	6.15	13.02	31.70	0	0	179.91
21	A_1B_2	25.74	2.27	11.97	0	5.96	39.36	0	0	21.79
	A_2B_2	148.22	15.15	18.62	25.10	0	15.02	0	0	138.89
	A_3B_2	148.93	58.65	49.26	0	0	14.43	0	0	110.61
28	A_1B_2	116.24	14.44	0	0	0	0	0	0	7.29
	A_2B_2	66.55	41.96	63.18	60.80	0	28.42	0	0	3.81
	A_3B_2	138.49	21.92	31.44	75.50	0	15.63	0	0	3.76

由表 5-10 可以看出，醇类、酯类、醚类、烷烃类和其他类物质是不同环境条件下 WB-MDF 释放的主要 VVOC 组分，这些组分所占比例较大，而酮类、烯烃类和酸类 VVOC 组分的浓度很低，所占比例较小。醛类 VVOC 组分仅在释放后期被检测出来且随着温度的升高，组分浓度呈现增大趋势，释放浓度介于 2.46～75.50 $\mu g/m^3$ 内。在整个试验周期内，醇类 VVOC 的占比很大，随着温度的升高，其未表现出明显的变化规律。WB-MDF 中酯类 VVOC 浓度整体上随着温度升高呈现出递增趋势，但增幅各不相同，对释放初期的影响略大于释放中期和释放后期。

为了更加直观地分析不同环境温度对 WB-MDF 各 VVOC 组分的影响，分别选用释放初期（第 1 天）、释放中期（第 14 天）和释放后期（第 28 天）中的 VVOC 组分进行对比分析，结果如图 5-11 所示。

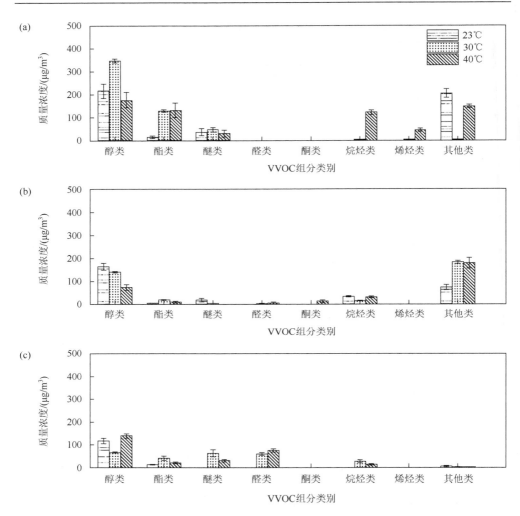

图 5-11　不同环境温度下水性漆涂饰中密度纤维板 VVOC 各组分的变化趋势

（a）第 1 天；（b）第 14 天；（c）第 28 天

　　图 5-11 为不同环境温度下 WB-MDF 的 VVOC 各组分的变化趋势。可以发现，随着温度的升高，WB-MDF 中的醇类 VVOC 未呈现出明显的变化规律，这种 VVOC 组分受温度的影响不显著。升高温度加速了 WB-MDF 中酯类、醚类和醛类 VVOC 的释放，但在各个释放阶段受温度的影响程度不同。在释放初期，温度对板材酯类 VVOC 的影响特别显著。在 23℃下酯类 VVOC 的释放浓度为 14.72 μg/m³，在 30℃和 40℃下酯类 VVOC 的释放浓度分别为 129.57 μg/m³ 和 132.04 μg/m³，增幅达到数倍之多。在释放中期和释放后期，酯类 VVOC 受温度的影响变小，增加幅度变得缓慢。在板材释放初期过程中，三种不同温度条件下

均未检测到醛类 VVOC 的存在，仅在释放中期和释放后期检测到醛类组分且释放后期的浓度明显大于释放中期，这说明平衡状态下温度对醛类 VVOC 的释放具有较好的促进作用，具体表现为"低温不释放，高温大释放"的特性。

3. 环境温度对水性漆涂饰中密度纤维板 VVOC 气味释放的影响分析

在 A$_1$B$_2$（温度 23±2℃，相对湿度 50%±5%，气体交换率 1 次/h）、A$_2$B$_2$（温度 30±2℃，相对湿度 50%±5%，气体交换率 1 次/h）和 A$_3$B$_2$（温度 40±2℃，相对湿度 50%±5%，气体交换率 1 次/h）的试验条件下，利用 GC-MS-O 技术对 WB-MDF 释放的 VVOC 气味进行检测分析。为了更清楚地掌握不同环境温度下 WB-MDF 中 VVOC 气味化合物的释放特性，分别选用释放初期（第 1 天）和释放后期（第 28 天）两个试验过程对 WB-MDF 释放的 VVOC 气味组分进行对比分析，试验结果如表 5-11 和图 5-12 所示。

表 5-11　不同环境温度下水性漆涂饰中密度纤维板 VVOC 气味特征化合物组分

序号	VVOC 气味化合物	气味特征	气味强度					
			释放初期			释放后期		
			A$_1$B$_2$	A$_2$B$_2$	A$_3$B$_2$	A$_1$B$_2$	A$_2$B$_2$	A$_3$B$_2$
1	乙醇	酒香	2.5	2.9	2.3	1.6	1.4	2.3
2	乙酸乙酯	果香	1.8	3.5	3.1	1.7	1.5	2.2
3	2-甲基-2-丙烯酸甲酯	辛辣/刺激性	1.8	——	——	2.0	1.5	1.9
4	四氢呋喃	果香	2.5	2.6	2.5	——	2.4	——
5	二氯甲烷	甜香	——	——	——	——	——	1.3
6	丁烷	不宜人臭味/刺激性	——	——	2.4	——	——	——
7	乙醛	果香	——	——	——	——	2.6	2.2
8	2-丁烯	芳香	——	——	2.1	——	——	——
9	乙酸丙酯	果香	——	1.3	——	——	——	——
10	a-氯-D-丙氨酸	微甜	2.6	——	——	——	——	——
11	丙酮酸	醋香	——	——	2.5	——	——	——
12	环丙甲醇	芳香	——	——	1.7	——	——	——
13	组胺	刺激性/氨臭味	2.3	——	——	——	——	——

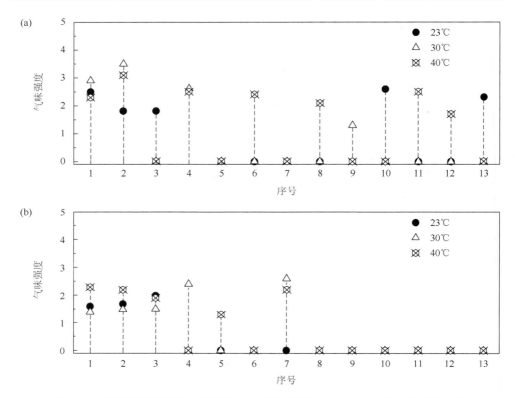

图 5-12　不同环境温度下水性漆涂饰中密度纤维板 VVOC 气味化合物强度水平

（a）释放初期；（b）释放后期。序号所指与表 5-11 中的一致

　　研究发现，在释放初期和释放后期两个试验过程中，不同环境温度下的 WB-MDF 共检测到 13 种 VVOC 气味特征化合物，分别是乙醇（酒香、1 号）、乙酸乙酯（果香、2 号）、2-甲基-2-丙烯酸甲酯（辛辣/刺激性、3 号）、四氢呋喃（果香、4 号）、二氯甲烷（甜香、5 号）、丁烷（不宜人臭味/刺激性、6 号）、乙醛（果香、7 号）、2-丁烯（芳香、8 号）、乙酸丙酯（果香、9 号）、a-氯-D-丙氨酸（微甜、10 号）、丙酮酸（醋香、11 号）、环丙甲醇（芳香、12 号）和组胺（刺激性/氨臭味、13 号）。在释放初期，WB-MDF 释放的 VVOC 气味组分种类繁多且气味强度高。A_1B_2、A_2B_2 和 A_3B_2 三种不同试验条件下，WB-MDF 分别释放了 6 种、4 种、7 种 VVOC 气味特征化合物。在释放后期，WB-MDF 释放的 VVOC 气味化合物种类明显减少且气味强度显著降低，三种不同环境温度条件下分别释放了 3 种、5 种、5 种 VVOC 气味特征化合物。在释放初期和释放后期两个试验过程中，仅有乙酸乙酯一种组分的气味强度大于 3，分别为 3.5（A_2B_2）和 3.1（A_3B_2），其他 VVOC 组分的气味强度较低，大多数处于中等偏下的等级水平。此外还发现，释

放初期板材 VVOC 组分的气味强度总体上大于释放后期。释放初期乙醇的气味强度分别为 2.5、2.9 和 2.3，释放后期的气味强度分别为 1.6、1.4 和 2.3，气味强度差值分别为 0.9、1.5 和 0。释放初期乙酸乙酯（2 号）的气味强度分别为 1.8、3.5 和 3.1，释放后期的气味强度分别为 1.7、1.5 和 2.2，气味强度差值分别为 0.1、2.0 和 0.9。2-丁烯（8 号）、乙酸丙酯（9 号）、a-氯-D-丙氨酸（10 号）、丙酮酸（11 号）、环丙甲醇（12 号）和组胺（13 号）6 种 VVOC 气味化合物仅在释放初期被感官评价人员识别。在释放后期，所有 VVOC 组分的气味强度均小于 3，最大气味强度为 2.6（7 号），无更大气味强度的 VVOC 组分出现。

从图 5-12 可以发现，整体来看，温度对水性漆涂饰中密度纤维板 VVOC 气味化合物的释放具有一定的促进作用。在释放初期的第 1 天，温度对乙酸乙酯（2 号）气味强度的影响较为显著。随着温度的升高，乙酸乙酯的气味强度呈现明显递增趋势。当温度从 23℃分别升高到 30℃和 40℃时，乙酸乙酯的气味强度分别增加了 1.7 和 1.3。虽然 40℃时乙酸乙酯的气味强度较 30℃时下降了 0.4，但它们的气味强度均大于 3.0，仍然是板材 VVOC 气味释放的主要贡献者。乙醇（1 号）和四氢呋喃（4 号）的气味强度受温度的影响较小，随着温度的升高，二者的气味强度仅产生轻微波动或与 23℃时的气味强度相当。此外，升高温度也可以促进 2-丁烯（8 号）、乙酸丙酯（9 号）、丙酮酸（11 号）和环丙甲醇（12 号）的释放。

在释放后期的第 28 天，温度也会在一定程度上影响板材 VVOC 气味组分的释放。23℃时板材的 VVOC 气味组分种类最少，仅为 3 种，30℃和 40℃时分别增加了 2 种。温度对乙醇（1 号）、乙酸乙酯（2 号）和 2-甲基-2-丙烯酸甲酯（3 号）的影响不显著，气味强度的波动程度较小。但升高温度可以促进乙醛（7 号）组分的释放，30℃和 40℃时的气味强度分别为 2.6 和 2.2。

由上述分析可以看出，温度对板材 VVOC 气味组分释放的影响同时表现在气味类型和气味强度两方面，但在不同释放阶段的影响程度不同。随着温度的升高，板材的 VVOC 气味类型增多且气味表达更为复杂多样。温度在释放初期主要影响酯类 VVOC 气味组分的释放，在释放后期对醛类 VVOC 气味组分的影响较大。

4. 不同环境温度下水性漆涂饰中密度纤维板 VVOC 气味特征轮廓表达分析

为了更加清楚地掌握 WB-MDF 的 VVOC 气味特征轮廓，本研究仅以融合作用对板材释放的 VVOC 气味特征进行研究分析，同时选用释放初期（第 1 天）和释放后期（第 28 天）两个试验阶段阐述不同环境温度对 WB-MDF 气味特征轮廓分布的影响，研究结果如图 5-13 所示。

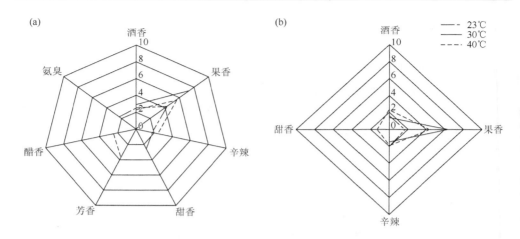

图 5-13　不同环境温度下水性漆涂饰中密度纤维板 VVOC 气味特征轮廓谱图
（a）释放初期；（b）释放后期

　　图 5-13 为不同环境温度下 WB-MDF 的 VVOC 气味特征轮廓谱图。从图 5-13 可以发现，WB-MDF 释放初期的气味特征轮廓分布明显大于释放后期，且释放初期的气味特征轮廓比释放后期更为丰富。由图 5-13（a）可以看出，酒香、果香、辛辣、甜香、芳香、醋香和氨臭 7 种气味特征共同构成了 WB-MDF 释放初期的气味特征轮廓。当环境温度为 23℃，RH 为 50% 时，果香是 WB-MDF 的主要气味特征轮廓，气味强度为 4.3，对板材整体气味特征轮廓的表达起主要作用，其次为甜香和酒香，气味强度分别为 2.6 和 2.5，这两种气味特征轮廓对板材整体气味形成起潜在修饰作用。当温度从 23℃ 升高到 30℃ 时，板材的主要气味类型减少，但板材的主要气味特征未发生改变，果香仍然是板材主要的气味特征轮廓，气味强度为 7.4，对板材整体气味的形成具有重要的贡献作用。当温度继续升高到 40℃ 时，果香是板材 VVOC 释放的主要气味特征轮廓，气味强度为 5.6，其次为芳香，气味强度为 3.8。温度升高时，WB-MDF 的主要气味特征未发生明显改变，仍然由果香决定。随着温度的升高，酒香的气味强度仅产生略微波动，而果香的气味强度分别增加了 3.1 和 1.3。此外，升高温度在促进其他香味特征的同时，也抑制了氨臭气味的释放。

　　由图 5-13（b）可以发现，酒香、果香、辛辣和甜香共同组成了 WB-MDF 释放后期的主要气味特征轮廓。23℃ 时板材的主要气味特征轮廓为混合香，而 30℃ 和 40℃ 时板材的主要气味特征轮廓为果香，气味强度分别为 6.5 和 4.4。随着温度的升高，WB-MDF 的主要气味特征发生转变，从混合香变为果香且气味强度增强。酒香和辛辣气味特征变化较小，受环境温度的影响不显著。

综合上述分析可以看出，温度会在一定程度上影响板材 VVOC 气味特征轮廓的特征表达，但在不同释放阶段的具体表现形式不同。果香是不同温度条件下 WB-MDF 释放的主要气味特征轮廓。升高温度会促进板材果香气味的释放，而酒香和辛辣的气味特征受温度的影响程度较小。

5.3.2　相对湿度对水性漆涂饰中密度纤维板 VVOC 和气味释放的影响

1. 相对湿度对水性漆涂饰中密度纤维板 TVVOC 和 TOI 的影响分析

在试验编号 A_1 和 B_1、B_2、B_3 的组合方案下对 WB-MDF 释放的 VVOC 和气味进行探索，对 WB-MDF 在 28 天试验周期中的 VVOC 和气味释放情况进行分析，得到不同 RH 下 WB-MDF 的 TVVOC 浓度和 TOI 值，具体见表 5-12。

表 5-12　不同相对湿度条件下水性漆涂饰中密度纤维板 TVVOC 浓度和 TOI 值变化趋势

试验周期/天	A_1B_1（30%）		A_1B_2（50%）		A_1B_3（70%）	
	TVVOC 浓度/ ($\mu g/m^3$)	TOI 值	TVVOC 浓度/ ($\mu g/m^3$)	TOI 值	TVVOC 浓度/ ($\mu g/m^3$)	TOI 值
1	391.57	12.8	473.62	13.2	491.84	14.0
3	329.37	11.2	414.87	11.5	430.05	12.1
7	312.31	10.0	369.39	9.3	411.86	10.9
14	237.74	8.3	297.19	8.6	308.46	8.7
21	232.55	6.9	107.79	5.0	250.15	7.2
28	141.56	6.3	137.97	5.3	172.23	5.7

为了便于后续结果分析，将 WB-MDF 试验过程中的第 1～3 天、第 7～14 天和第 21～28 天分别定义为释放初期、释放中期和释放后期，将第 1～14 天和第 21～28 天分别定义为释放第 I 阶段和释放第 II 阶段。

根据不同 RH 条件下 WB-MDF 的 TVVOC 浓度和 TOI 值随时间的变化趋势，绘制图 5-14。从表 5-12 和图 5-14 中可以看出，随着时间的不断延长，不同 RH 条件下 WB-MDF 的 TVVOC 浓度和 TOI 值整体上随时间的延长呈现出递减的变化趋势直至达到相对稳定的平衡状态。板材 TVVOC 浓度和 TOI 值的变化强烈依赖于时间。RH 会在一定程度上影响 WB-MDF 的 TVVOC 浓度，但这种变化趋势在释放后期表现得不显著。在释放初期，三种不同 RH 下 WB-MDF 的 TVVOC 浓度相对较高且 RH 50%时的 TVVOC 浓度与 RH 70%的相差不大。在释放初期的第 1 天，温度为 23℃，RH 30%的条件下，WB-MDF 的 TVVOC 浓度为 391.57 $\mu g/m^3$。

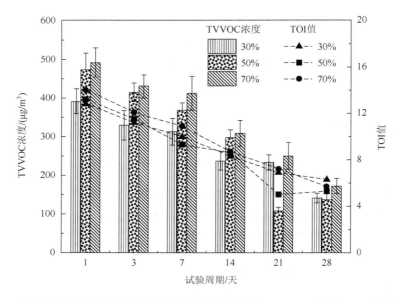

图 5-14　不同相对湿度条件下水性漆涂饰中密度纤维板 TVVOC 浓度和 TOI 值变化趋势

当 RH 增大到 50%时，TVVOC 浓度增加了 82.05 μg/m³，增幅为 20.95%。当 RH 由 50%继续增大至 70%时，TVVOC 浓度仅增加了 18.22 μg/m³，增幅为 3.85%。在释放初期的第 3 天，RH 由 30%增加到 50%再增加到 70%时，板材 TVVOC 浓度的增幅分别为 25.96%和 3.66%。在释放初期，RH 对板材 TVVOC 浓度的影响程度不同，低湿度条件下（RH 30%～RH 50%）的 TVVOC 增长速率明显大于高湿度条件（RH 50%～RH 70%）。在释放中期，板材 TVVOC 浓度始终遵循 RH 70%＞RH 50%＞RH 30% 的变化规律。在第 7 天和第 14 天，RH 由 30%增加到 50%时，TVVOC 浓度分别增加了 18.28%和 25.01%。当 RH 继续增大到 70%时，TVVOC 浓度分别增加了 11.50%和 3.79%。在释放后期，板材 TVVOC 浓度比较稳定，此释放过程中板材 VVOC 的释放受 RH 的影响程度较小且未表现出"高湿度大释放，低湿度小释放"的特性。在相对稳定的第 28 天，RH 由 30%增加至 50%时，板材的 TVVOC 浓度未发生明显变化，再增加到 70%时，TVVOC 浓度增加了 24.83%。

可以发现，RH 主要影响板材 VVOC 释放的第 I 阶段，在第 1～14 天，板材 TVVOC 浓度始终遵循 RH 70%＞RH 50%＞RH 30%。而在释放第 II 阶段，TVVOC 浓度受 RH 的影响不如第 I 阶段显著，特别是在平衡稳定阶段，TVVOC 浓度未随着 RH 的改变而发生变化，此时受 RH 的影响程度很小。在释放第 I 阶段，TVVOC 浓度与 RH 成正比，即 RH 越大，TVVOC 浓度越高。Shao 等在中密度纤维板 VOC 释放特性的影响分析中也得到了与本书相类似的研究结论。

由表 5-12 和图 5-14 中还可以看出,RH 会在一定程度上影响 WB-MDF 的 TOI 值但不是十分显著。在释放初期的第 1 天,三种 RH 下板材的 TOI 值均达到最大值,分别为 12.8、13.2 和 14.0。当 RH 由 30%增大到 50%再增大至 70%时,TOI 分别增加了 0.4 和 0.8。在板材释放的第 3~21 天,RH 对板材 TOI 的影响不明显,但均表现为高湿度条件下(RH = 70%)的 TOI 值大于低湿度条件(RH = 30%或 50%)下的 TOI 值。在释放后期的第 28 天,当 RH 从 30%增加到 50%再增加到 70%时,板材的 TOI 值分别降低了 1.0 和 0.4。RH 对平衡时期板材 TOI 值的影响更小,甚至可以忽略不计。王启繁和董华君同样得到了 RH 会影响材料挥发性组分和气味释放的结论,且同时证明了 RH 在释放初期对材料气味的影响更为显著。

随着时间的不断推移,不同 RH 下 WB-MDF 的 TVVOC 浓度和 TOI 值不断降低,第 28 天时的 TVVOC 浓度分别为 141.56 μg/m³、137.97 μg/m³ 和 172.23 μg/m³,TOI 分别为 6.3、5.3 和 5.7,与第 1 天时相比分别下降了 250.01 μg/m³(63.85%)、335.65 μg/m³(70.87%)和 319.61 μg/m³(64.98%),TOI 分别下降了 6.5、7.9 和 8.3,这说明了时间是影响板材 TVVOC 浓度和 TOI 值的关键因素,表面涂饰后的板材不建议直接在室内使用,最好将其置于高温高湿的环境中以加速挥发性组分和气味的释放,同时应注意加强通风。此外,还应根据实际需要适当延长板材的陈放时间以降低挥发性污染物的释放水平。

2. 相对湿度对水性漆涂饰中密度纤维板 VVOC 组分的影响分析

在 A_1 和 B_1、B_2 和 B_3 的组合方案下对 28 天试验周期内 WB-MDF 的 VVOC 各组分进行统计分析,统计结果如表 5-13 所示。根据试验结果,将不同 RH 下 WB-MDF 的 VVOC 组分划分为以下 9 种类别,分别为醇类、酯类、醚类、醛类、酮类、烷烃类、烯烃类、酸类和其他类物质。

表 5-13　不同相对湿度条件下水性漆涂饰中密度纤维板 VVOC 组分及其释放浓度

试验周期/天	试验编号	VVOC 各组分的释放浓度/(μg/m³)								
		醇类	酯类	醚类	醛类	酮类	烷烃类	烯烃类	酸类	其他类
1	A_1B_1	177.21	51.02	30.30	0	0	128.45	0	0	4.59
	A_1B_2	216.53	14.72	37.51	0	0	0	0	0	204.86
	A_1B_3	134.20	159.75	19.41	0	0	166.01	1.88	0	10.59
3	A_1B_1	124.16	9.63	0	0	0	139.17	0	0	56.41
	A_1B_2	170.83	21.76	79.88	0	0	142.30	0	0	0
	A_1B_3	166.97	8.68	0	1.93	0	177.45	11.81	58.87	4.24

试验周期/天	试验编号	VVOC 各组分的释放浓度/$(\mu g/m^3)$								
		醇类	酯类	醚类	醛类	酮类	烷烃类	烯烃类	酸类	其他类
7	A_1B_1	148.00	13.66	2.61	42.27	0	100.64	0	0	5.13
	A_1B_2	295.45	6.14	28.96	0	0	0	0	0	38.84
	A_1B_3	205.89	23.41	3.33	0	0	149.33	0	23.53	6.37
14	A_1B_1	44.97	0	0	0	0	14.63	0	0	178.14
	A_1B_2	164.84	4.92	18.83	0	0	34.27	0	0	74.33
	A_1B_3	75.55	9.63	0	0	0	97.16	0	0	126.11
21	A_1B_1	73.34	11.27	0	26.18	0	13.73	0	0	108.03
	A_1B_2	25.94	2.77	11.97	0	5.96	39.36	0	0	21.79
	A_1B_3	82.11	14.13	27.18	0	0	15.32	0	0	111.41
28	A_1B_1	38.61	22.33	31.85	0	0	45.47	0	0	3.33
	A_1B_2	116.24	14.44	0	0	0	0	0	0	7.29
	A_1B_3	71.22	5.88	39.07	0	0	52.61	0	0	3.45

由表 5-13 可以看出,醇类、酯类、醚类、烷烃类和其他类物质是不同 RH 条件下 WB-MDF 释放的主要 VVOC 组分,这些组分所占比例较大。醛类、酮类、烯烃类和酸类仅有少量被检测出来,所占比例较小。温度为 23℃,RH 30% 的试验条件下均未检测出酮类、烯烃类和酸类 VVOC 组分的存在,它们的释放浓度均为 0。从整体情况来看,RH 会对板材醇类 VVOC 组分的释放产生一定影响。在释放初期和释放中期两个过程中,一定范围内增大 RH 会促进醇类 VVOC 的释放,但这种影响在释放后期表现不是特别明显。1～28 天周期内醇类不易挥发完全。RH 的增大会促进板材烷烃类 VVOC 的释放,这可能是因为多数烷烃类 VVOC 均为疏水性化合物。在材料内部,烷烃类 VVOC 分子和水分子都会占据一定空间,当 RH 增大时,材料内部水分子的蒸发速率减慢,材料内部水分子占据空间增大,这时具备疏水特性的烷烃类 VVOC 分子会从材料内部释放出来,从而导致其释放浓度有所增加。随 RH 增大,酯类和醚类 VVOC 组分未表现出明显的变化规律。

为了更加直观地分析不同 RH 条件对 WB-MDF 各 VVOC 组分的影响,分别选用释放初期(第 1 天)、释放中期(第 14 天)和释放后期(第 28 天)中的 VVOC 组分进行对比分析,结果如图 5-15 所示。

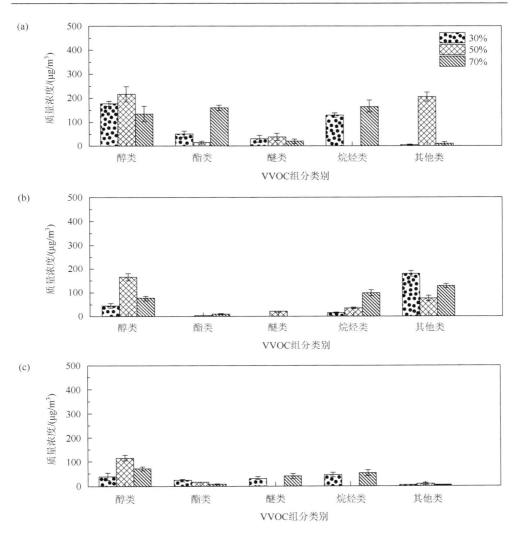

图 5-15　不同相对湿度条件下水性漆涂饰中密度纤维板 VVOC 各组分变化趋势

（a）第 1 天；（b）第 14 天；（c）第 28 天

　　图 5-15 为不同 RH 下 WB-MDF 的 VVOC 各组分变化趋势。从图 5-15 中可以看出，在不同释放时期，RH 对板材 VVOC 的影响程度不同。整体来看，增大 RH 可以促进 WB-MDF 中醇类、酯类和烷烃类 VVOC 组分的释放。对于酯类 VVOC 而言，在释放初期，当 RH 增大至 70% 时，酯类 VVOC 浓度增加数倍之多，而在释放中期和释放后期，RH 对酯类 VVOC 释放的影响不显著。当 RH 从 30% 增大至 70% 时，不同释放时期下烷烃类 VVOC 浓度增幅分别为

29.24%、564.11%和 15.70%，RH 在释放初期和释放中期对烷烃类 VVOC 的影响要大于释放后期，这也说明了平衡时期烷烃类 VVOC 的释放受 RH 的影响程度较小。

3. 相对湿度对水性漆涂饰中密度纤维板 VVOC 气味释放的影响分析

利用 GC-MS-O 技术在 A_1B_1（温度 23±2℃，相对湿度 30%±5%，气体交换率 1 次/h）、A_1B_2（温度 23±2℃，相对湿度 50%±5%，气体交换率 1 次/h）和 A_1B_3（温度 23±2℃，相对湿度 70%±5%，气体交换率 1 次/h）的试验条件下对 WB-MDF 释放的 VVOC 气味进行检测分析。为了更加清晰地掌握不同 RH 条件下板材 VVOC 气味释放的规律，分别选用释放初期（第 1 天）和释放后期（第 28 天）两个试验过程对 WB-MDF 释放的 VVOC 成分进行对比分析，结果见表 5-14 和图 5-16。

表 5-14　不同相对湿度条件下水性漆涂饰中密度纤维板 VVOC 气味特征化合物组分

序号	VVOC 气味化合物	气味特征	气味强度					
			释放初期			释放后期		
			A_1B_1	A_1B_2	A_1B_3	A_1B_1	A_1B_2	A_1B_3
1	乙醇	酒香	2.4	2.5	2.4	1.3	1.6	1.6
2	环丙甲醇	芳香	1.7	—	—	—	—	—
3	乙酸乙酯	果香	2.3	1.8	3.5	1.3	1.7	—
4	2-甲基-2-丙烯酸甲酯	辛辣/刺激性	1.4	1.8	—	—	2.0	—
5	四氢呋喃	果香	2.4	2.5	2.3	2.3	—	2.6
6	丁烷	不宜人臭味/刺激性	2.6	—	2.5	—	—	—
7	二氯甲烷	甜香	—	—	1.3	—	—	—
8	a-氯-D-丙氨酸	微甜	—	2.6	—	—	—	—
9	组胺	刺激性/氨臭味	—	2.3	—	—	—	—
10	2-甲基丁烷	芳香	—	—	2.0	—	—	—
11	1,2-二氯丙烷	特殊性气味/甜香	—	—	—	1.4	—	1.5

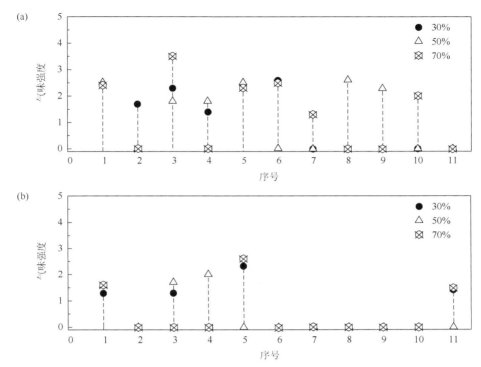

图 5-16　不同相对湿度条件下水性漆涂饰中密度纤维板 VVOC 气味化合物强度水平

（a）释放初期；（b）释放后期。序号所指与表 5-14 中的一致

由表 5-14 可以发现，三种不同 RH 条件下 WB-MDF 共释放了 11 种 VVOC 气味特征化合物，分别是乙醇（酒香、1 号）、环丙甲醇（芳香、2 号）、乙酸乙酯（果香、3 号）、2-甲基-2-丙烯酸甲酯（辛辣/刺激性、4 号）、四氢呋喃（果香、5 号）、丁烷（不宜人臭味/刺激性、6 号）、二氯甲烷（甜香、7 号）、a-氯-D-丙氨酸（微甜、8 号）、组胺（刺激性/氨臭味、9 号）、2-甲基丁烷（芳香、10 号）和 1,2-二氯丙烷（特殊性气味/甜香、11 号）。释放初期，在温度为 23℃，RH 30%、RH 50% 和 RH 70% 的条件下板材均释放了 6 种 VVOC 气味组分，且仅有 1 种 VVOC 气味组分的气味强度大于 3 的（乙酸乙酯），其气味强度为 3.5（A_1B_3），其他 VVOC 气味组分的气味强度多处于中等或中等偏下等级。释放后期，板材 VVOC 气味化合物种类明显减少，相同试验条件下 VVOC 气味化合物种类分别为 4 种、3 种和 3 种，且所有气味 VVOC 组分的气味强度均小于 3。此外还发现，释放初期 VVOC 组分的气味强度大于释放后期。释放初期乙醇（1 号）的气味强度分别为 2.4、2.5 和 2.4，释放后期其气味强度分别为 1.3、1.6 和 1.6，气味强度分别下降了 1.1、0.9 和 0.8。释放初期乙酸乙酯（3 号）的气味强度分别为 2.3、1.8 和 3.5，释放后期其气味强度分别为 1.3、1.7

和 0，气味强度差值分别为 1.0、0.1 和 3.5。四氢呋喃（5 号）的气味强度在释放初期和释放后期无明显变化，仅有微小波动。丁烷（6 号）、二氯甲烷（7 号）、*a*-氯-D-丙氨酸（8 号）、组胺（9 号）和 2-甲基丁烷（10 号）仅在释放初期被检测到，而 1,2-二氯丙烷（11 号）仅在释放后期被识别且气味强度较低，气味强度分别为 1.4 和 1.5。

图 5-16 为不同 RH 条件下 WB-MDF 的 VVOC 气味化合物强度水平。总体来看，RH 会在一定程度上影响板材 VVOC 气味组分的种类和强度但不显著。在释放初期和释放后期两个阶段，当 RH 增大时，乙醇（1 号）、2-甲基-2-丙烯酸甲酯（4 号）、四氢呋喃（5 号）和丁烷（6 号）的气味强度无明显变化，仅产生略微浮动，受 RH 的影响较小。对于乙酸乙酯（3 号），在释放初期，当 RH 从 30% 增加到 50% 时，气味强度降低了 0.5。而当 RH 从 50% 增加至 70% 时，气味强度增加了 1.7，增幅明显。在释放后期，其气味强度仅有微小波动，受 RH 的影响程度较小。增大 RH 同样可以增加板材 VVOC 气味化合物的种类。当 RH 由 30% 增加至 50% 和 70% 时，二氯甲烷（7 号）、*a*-氯-D-丙氨酸（8 号）、组胺（9 号）和 2-甲基丁烷（10 号）被气味感官评价人员识别，气味强度分别为 1.3、2.6、2.3 和 2.0，它们是板材气味释放的潜在贡献物质。

4. 不同相对湿度条件下水性漆涂饰中密度纤维板 VVOC 气味特征轮廓
　　表达分析

本研究以融合作用对 WB-MDF 释放的 VVOC 气味组分进行分析，同时选用释放初期（第 1 天）和释放后期（第 28 天）两个试验阶段阐述不同 RH 对 WB-MDF 气味特征轮廓表达的影响，结果如图 5-17 所示。

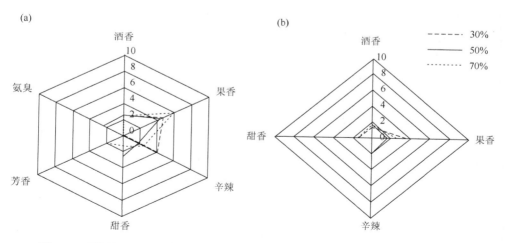

图 5-17　不同相对湿度条件下水性漆涂饰中密度纤维板 VVOC 气味特征轮廓谱图

（a）释放初期；（b）释放后期

图 5-17 为不同 RH 条件下 WB-MDF 的 VVOC 气味特征轮廓谱图。可以发现，释放初期 WB-MDF 的气味特征轮廓分布明显大于释放后期，且释放初期气味特征轮廓类型比释放后期更为丰富。由图 5-17（a）可以看出，酒香、果香、辛辣、甜香、芳香和氨臭 6 种气味特征共同构成了 WB-MDF 释放初期的气味分布轮廓。当温度为 23℃，RH 30%时，果香气味是 WB-MDF 的主要气味特征轮廓，气味强度为 4.7，对板材整体气味特征轮廓表达起主要贡献性作用，其次为辛辣，气味强度为 4.0，对板材整体气味形成起辅助性修饰作用。当 RH 增大到 50%和 70%时，板材的主要气味特征未发生改变，仍然由果香气味决定，气味强度分别为 4.3 和 5.8。当环境温度恒定，RH 由 30%增加到 70%时，WB-MDF 酒香的气味特征无明显变化，果香和甜香的气味强度均有所增强，两种气味强度分别增加了 1.1 和 1.3，而辛辣的气味强度下降了 1.5。在释放初期，RH 会在一定程度上影响板材 VVOC 气味的释放，但仅表现在气味强度的增强上。

由图 5-17（b）可以发现，酒香、果香、辛辣和甜香 4 种气味类型共同构成了 WB-MDF 释放后期的主要气味特征轮廓。温度为 23℃，RH 为 30%和 70%时，果香是板材主要的气味特征轮廓，气味强度分别为 3.6 和 2.6。当 RH 50%时，辛辣是板材的主要气味特征轮廓，气味强度为 2.0。增大 RH，板材酒香和甜香的气味特征无明显变化，果香的气味强度略有降低，RH 由 30%增加到 70%时，果香的气味强度分别降低至 1.7 和 2.6。在释放后期，WB-MDF 的气味类型明显减少，气味特征轮廓表达较为单一。RH 对板材气味特征轮廓的影响不显著。

综合上述分析可以发现，RH 会在一定程度上影响板材气味特征轮廓谱图的表达，但在不同的释放阶段会有不同的表现形式。果香是不同 RH 条件下 WB-MDF 的主要气味特征轮廓。RH 会影响板材果香、甜香和辛辣气味的释放，且影响程度与板材的释放阶段和释放组分密切相关。

5.4　本　章　小　结

（1）利用 15 L 环境舱和多填料吸附管进行气体采样，通过 GC-MS-O 技术探究 28 天试验周期内环境温度和相对湿度对聚氨酯漆涂饰中密度纤维板、水性漆涂饰中密度纤维板 VVOC 及气味释放的影响。结果发现，随时间的延长，板材的 TVVOC 浓度和总气味强度降低。环境温度和相对湿度是影响两种板材挥发性有机污染物和气味释放的主要指标因素且二者均会对板材 VVOC 和气味的释放产生不同程度的影响。

（2）温度对 PU-MDF 中的 TVVOC 浓度具有较好的促进作用，释放规律总体遵循 40℃＞30℃＞23℃。温度对板材 TOI 值的影响在不同释放阶段会有不同的表现形式。在第 7 天、14 天和 21 天，温度对板材 TOI 值的影响较为显著。温度升高到 30℃时，TOI 值分别增加了 4.0、5.3 和 4.0，继续升高温度，TOI 值分别增加了 0.6、0.7 和 2.2。升高温度可以促进板材醇类、酯类和酮类 VVOC 的释放，在释放初期和释放中期的促进作用特别明显。温度会在一定程度上影响 VVOC 气味组分的释放，但不同释放阶段会有不同的表现形式。释放初期温度主要影响酯类、酮类、醚类和烷烃类气味组分的释放；释放后期温度对醇类、醚类和烷烃类气味组分的影响较大。温度在改变气味组分强度的同时，也丰富了板材的气味特征分布。果香、甜香和辛辣这三种气味特征依赖于温度的改变，同时也会受到时间的影响，在不同释放阶段会有不同的表达效果。升高温度，VVOC 气味组分种类增多且气味特征轮廓表达更为丰富。RH 主要影响板材 VVOC 释放的第 I 阶段，TVVOC 浓度总体遵循 RH 70%＞RH 50%＞RH 30%。在释放第 II 阶段，TVVOC 浓度受 RH 的影响不如第 I 阶段显著，在平衡稳定时期，受 RH 的影响程度很小。在不同释放时期，RH 对板材 VVOC 组分的影响程度不同，总体看来，增大 RH 可以促进板材酯类、醚类和醛酮类 VVOC 组分的释放。此外，RH 对板材 VVOC 气味组分具有一定影响。果香、甜香、辛辣和酒香这四种气味特征是不同 RH 下板材的主要气味特征轮廓。增大 RH 可以促进板材的果香气味，降低辛辣和甜香的气味强度。RH 在影响特征化合物气味强度的同时也会丰富其气味特征轮廓，从而实现板材 VVOC 气味化合物的高效表达。

（3）温度对 WB-MDF 的 VVOC 释放具有一定促进作用，且 TVVOC 浓度整体表现为 40℃＞30℃＞23℃。在释放中期和释放后期，温度对板材 TOI 的影响较为明显。升高温度加速了 WB-MDF 中酯类、醚类和醛类 VVOC 的释放。温度对板材 VVOC 气味组分的释放同时表现在气味类型和气味强度两方面。温度在释放初期主要影响酯类 VVOC 气味组分的释放，在释放后期对醛类 VVOC 气味组分的影响较大。果香是 WB-MDF 的主要气味特征轮廓，升高温度可以促进板材果香气味的释放，而酒香和辛辣的气味特征受温度影响较小。RH 主要影响板材 VVOC 释放的第 I 阶段，RH 越大，TVVOC 浓度越高且始终遵循 RH 70%＞RH 50%＞RH 30%。在释放第 II 阶段，TVVOC 浓度受 RH 的影响较小。增大 RH 可以促进 WB-MDF 中醇类、酯类和烷烃类 VVOC 组分的释放，但在不同释放阶段的影响程度不同。RH 对 WB-MDF 释放初期气味组分的影响仅表现在气味强度的增强上。释放后期，板材 VVOC 气味组分种类减少且气味特征轮廓表达较为单一，RH 对板材气味特征轮廓的影响不显著。RH 会影响板材果香、甜香和辛辣气味的释放且影响程度与板材的释放阶段和释放组分密切相关。

（4）PU-MDF 和 WB-MDF 的 TVVOC 浓度和 TOI 值强烈依赖于时间的变化。表面涂饰后的板材不建议直接应用于室内，最好将其置于高温、高湿的环境中以加速挥发性组分和气味的释放，同时应注意加强通风。此外，最好根据实际情况适当延长板材的陈放时间以降低挥发性污染物和气味的释放水平。

参 考 文 献

董华君. 2021. 中密度纤维板及其饰面板气味释放特性研究. 哈尔滨：东北林业大学.

杜明, 王佳丽. 2016. 环境因素对人造板 VOC 释放影响的研究. 江西建材, （18）：267, 272.

葛美周, 高立东, 刘学辉, 等. 2022. 列车车厢内装材料 VOCs 释放特性研究. 中国环境监测, 38（2）：143-150.

李爽, 沈隽, 江淑敏. 2013. 不同外部环境因素下胶合板 VOC 的释放特性. 林业科学, 49（1）：179-184.

刘思彤. 2020. 人造板（浸渍纸层压木质地板）中 VOC 的释放行为研究. 长春：吉林建筑大学.

单波, 陈杰, 肖岩. 2013. 胶合竹材 GluBam 甲醛释放影响因素的气候箱实验与分析. 环境工程学报, 7（2）：649-656.

王敬贤. 2011. 环境因素对人造板 VOC 释放影响的研究. 哈尔滨：东北林业大学.

王启繁. 2021. 不同树种木材气味释放特性与图谱表达研究. 哈尔滨：东北林业大学.

杨韬. 2015. 车内及室内环境中材料污染物的散发传质特性研究. 北京：北京理工大学.

曾彬, 沈隽, 王启繁, 等. 2020. 基于 GC-O 技术分析环境条件对中纤板气味活性组分的影响. 中南林业科技大学学报, 40（9）：164-172.

周晓骏, 2017. 多孔建材 VOC 多尺度传质机理及散发特性研究. 西安：西安建筑科技大学.

Caron F, Guichard R, Robert L, et al. 2020. Behaviour of individual VOCs in indoor environments: How ventilation affects emission from materials. Atmospheric Environment, 243: 117713.

Liang W, Lv M, Yang X, et al. 2016. The effect of humidity on formaldehyde emission parameters of a medium-density fiberboard: Experimental observations and correlations. Building and Environment, 101: 110-115.

Lin C C, Yu K P, Zhao P, et al. 2009. Evaluation of impact factors on VOC emissions and concentrations from wooden flooring based on chamber tests. Building and Environment, 44（3）: 525-533.

Shao H, Ren Y, Zhang Y, et al. 2021. Factor analysis of the influence of environmental conditions on VOC emissions from medium density fibreboard and the correlation of the factors with fitting parameters. RSC Advances, 11（42）: 26151-26159.

Wang Q, Shen J, Zeng B, et al. 2022. Effects of environmental conditions on the emission and odor-active compounds from Fraxinus mandshurica Rupr. Environmental Science and Pollution Research, 29（20）: 30459-30469.

Wolkoff P. 1998. Impact of air velocity, temperature, humidity, and air on long-term voc emissions from building products. Atmospheric Environment, 32（14-15）: 2659-2668.

Yang T, Zhang P, Xu B, et al. 2017. Predicting VOC emissions from materials in vehicle cabins: Determination of the key parameters and the influence of environmental factors. International Journal of Heat and Mass Transfer, 110: 671-679.

结　　语

本书较为系统全面地探究了不同厚度规格饰面人造板及漆饰人造板 VVOC 和气味释放的基本情况，补充了人造板低分子量挥发性有机化合物和气味的研究数据，从而更加清晰全面地掌握人造板挥发性有机污染物的释放组分。本书打破了以往仅针对人造板 VOC 研究的局限，同时建立了人造板低分子量有机化合物和气味的检测方法，为家具制作材料低分子量化合物的分析研究提供了借鉴和参考。此外，本书也可以为家具和室内装饰选材用材提供理论指导，具有重要的实际意义。

本书第 1 章提出了极易挥发性有机化合物（VVOC）的基本概念，并对 VVOC的危害和检测方法进行了简要概述，总结了 GC-MS-O 技术在人造板相关领域的研究应用现状及未来发展趋势，同时阐述了使用感官嗅觉测量技术对人造板低分子量化合物气味研究的可行性与必要性。

本书第 2 章对不同饰面人造板释放的 VVOC 进行鉴别分析，得到不同饰面人造板 VVOC 释放的基本特征信息。醇类物质是不同饰面中密度纤维板 VVOC 释放的常见组分，浓度占比较大。乙醇、1-丁醇、丙酮和乙酸乙酯是不同厚度饰面中密度纤维板释放的主要 VVOC 成分，其来源广泛且复杂。板材厚度会显著影响中密度纤维板素板 VVOC 组分的释放，遵循"厚度越大，释放浓度越高"的基本规律。贴面材料对中密度纤维板 VVOC 的释放具有较好的封闭作用，可以显著降低主要 VVOC 组分的释放浓度。两种厚度饰面刨花板释放的主要 VVOC 组分为乙醇、1-丁醇、丙酮、四氢呋喃和乙酸。厚度对刨花板素板 VVOC 释放的影响较为显著，厚度越大，VVOC 组分的浓度越高。两种饰面刨花板 TVVOC 浓度明显低于刨花板素板，厚度对饰面刨花板 VVOC 释放的影响不如刨花板素板显著。PVC饰面刨花板释放了 10 种 VVOC 组分，释放种类最多。两种贴面材料对刨花板VVOC 的释放具有抑制作用。乙醇、1,2-丙二醇、乙酸乙酯、2-甲基-2-丙烯酸甲酯和四氢呋喃是不同漆饰中密度纤维板 VVOC 释放的主要组分，其中 1,2-丙二醇的释放浓度较高，该物质常用作涂料的抗冻助剂，主要作用是提高油漆涂料的抗冻性和低温稳定性，使涂料在低温下保持良好的漆膜性能。两种厚度规格漆饰中密度纤维板释放的主要 VVOC 组分大体相似，厚度对漆饰板材 VVOC 释放的影响不显著。贴面材料和表面涂饰均可对人造板 VVOC 的释放产生一定的封闭作用，但同时也会增加其他 VVOC 组分的释放。

　　本书第3章对不同饰面人造板和漆饰人造板释放的VVOC气味化合物进行鉴别分析，得到板材VVOC气味释放的基本特征信息。不同饰面人造板具有不同的气味特征轮廓。果香和酒香是不同厚度规格中密度纤维板素板的主要气味特征轮廓，混合香和果香是三聚氰胺浸渍胶膜纸饰面中密度纤维板和PVC饰面中密度纤维板VVOC释放的主要气味特征轮廓。厚度会在一定程度上影响板材的气味特征轮廓表达。低分子量的酯类、醇类和酮类是饰面中密度纤维板VVOC气味的主要释放来源，板材厚度会同时影响VVOC释放浓度和气味强度。两种厚度规格刨花板素板VVOC气味特征完全相同，厚度对刨花板素板VVOC气味释放的影响仅表现在气味强度上，而不影响气味化合物的种类。厚度对饰面刨花板VVOC气味释放的影响同时表现在气味类型和气味强度两个方面。酯类、醇类和醚类是饰面刨花板VVOC气味释放的主要贡献者。果香是聚氨酯漆涂饰中密度纤维板的主要气味特征轮廓，厚度对板材VVOC气味释放的影响不显著。在聚氨酯漆涂饰中密度纤维板中识别到鱼腥气味的存在，该气味特征可能是人造板"异味"的产生根源之一。混合香和辛辣气味是两种厚度规格水性漆涂饰中密度纤维板的主要气味特征轮廓，果香是两种厚度规格硝基漆涂饰中密度纤维板的主要气味特征轮廓。厚度对水性漆涂饰中密度纤维板和硝基漆涂饰中密度纤维板VVOC气味释放的影响同时表现在气味类型和气味强度两个方面。醚类、酯类和醛类是不同漆饰中密度纤维板VVOC气味释放的主要贡献者。

　　本书第4章主要探究了板材厚度、贴面材料和表面涂饰对不同饰面人造板和漆饰人造板VVOC和气味释放的影响。18 mm饰面中密度纤维板的TVVOC浓度大于8 mm同类型板材，且MI-MDF和PVC-MDF的TVVOC浓度明显低于同厚度中密度纤维板素板，贴面材料对板材VVOC释放具有明显的封闭作用。乙醇、1-丁醇、丙酮、乙酸乙酯和四氢呋喃是两种厚度中密度纤维板素板释放的主要VVOC组分。厚度增大，中密度纤维板素板中的乙醇、四氢呋喃和乙酸乙酯的释放浓度越高。醇类、酮类和酯类是两种厚度PVC-MDF和MI-MDF释放的主要VVOC组分，厚度增大，乙醇、丙酮和乙酸乙酯的浓度均呈递增趋势。三聚氰胺浸渍胶膜纸和PVC两种贴面材料对醇类、酮类和醚类VVOC具有明显的抑制作用。混合香和果香是饰面中密度纤维板的主要气味特征轮廓，厚度和贴面材料会在一定程度上影响板材VVOC气味特征轮廓谱图的表达。厚度对中密度纤维板素板VVOC气味释放的影响仅表现在气味强度上，对饰面中密度纤维板的影响同时表现在气味类型和气味强度两个方面。贴面材料对VVOC气味的释放具有封闭作用。在选择家具和室内装饰材料时，MI-MDF是首要选择，同时应尽可能使用厚度薄的MI-MDF。同样，厚度和贴面材料也会影响饰面刨花板VVOC组分和气味的释放。同种饰面条件下不同厚度刨花板TVVOC浓度表现为：18 mm＞8 mm，不同饰面刨花板TVVOC浓度大小受厚度影响程度不同。两种厚度饰面刨花板

TVVOC 浓度表现为：PB＞MI-PB＞PVC-PB，饰面刨花板的 TVVOC 浓度始终小于相同厚度刨花板素板。贴面材料对刨花板 VVOC 的释放具有封闭作用且 PVC 材料对 VVOC 的封闭作用比三聚氰胺浸渍胶膜纸更为优异。饰面刨花板释放的 VVOC 主成分是醇类和酮类。不同厚度和不同饰面条件下刨花板的整体气味特征主要由香味和甜香决定。饰面处理后同厚度饰面刨花板整体气味强度降低，辛辣气味和酸味的气味强度减少，PVC 贴面材料对板材 VVOC 气味化合物的抑制效果优于三聚氰胺浸渍胶膜纸。饰面刨花板中气味强度较高的特征化合物为醇类、酮类、醚类和酯类。不同厚度和不同饰面条件下，刨花板各个气味特征化合物释放浓度及气味强度存在差异，不同化合物之间不存在"浓度高则气味强度大"的规律。表面涂饰处理可以降低板材的 TVVOC 浓度，水性涂料对板材 VVOC 和气味的抑制作用优于聚氨酯漆和硝基漆。厚度对水性漆涂饰中密度纤维板 TVVOC 的影响大于聚氨酯漆涂饰和硝基漆涂饰。醇类、酯类和醚类是不同厚度 PU-MDF、WB-MDF 和 NC-MDF 释放的主要 VVOC 组分，所占比例较大。表面涂饰处理可在一定程度上抑制板材 VVOC 的释放，同时也会促进其他 VVOC 组分的释放。厚度对 PU-MDF 气味释放的影响仅表现在气味强度上，对 WB-MDF 和 NC-MDF 的影响表现在气味类型和气味强度两个方面。表面涂饰总体上促进了果香气味的释放，抑制了酒香的气味特征，辛辣气味呈现出无规则变化，具体表现为因漆而异。综合评估板材的指标因素，MI-MDF 和 PVC-PB 可能更适合用作家具和室内装饰材料，提倡在室内空间中使用水性涂料。

本书第 5 章主要探究了环境因素对漆饰人造板 VVOC 和气味释放的影响。温度对 PU-MDF 的 TVVOC 浓度具有较好的促进作用，释放规律总体遵循 40℃＞30℃＞23℃。温度对板材 TOI 值的影响在不同释放阶段会有不同的表现形式，在第 7 天、第 14 天和第 21 天，温度对板材 TOI 值的影响较为显著。升高温度可以加速 PU-MDF 中醇类、酯类和酮类 VVOC 的释放，在释放初期和释放中期作用显著。温度会在一定程度上影响 VVOC 气味组分的释放，在释放初期，温度主要影响酯类、酮类、醚类和烷烃类气味组分的释放，在释放后期，醇类、醚类和烷烃类气味组分受温度影响较大。温度在改变气味组分强度的同时，也丰富了板材的气味特征分布。果香、甜香和辛辣这三种气味特征依赖于温度的改变，在不同释放时期会有不同的表达效果。升高温度，VVOC 气味组分种类增多且气味特征轮廓表达更为丰富。RH 主要影响板材 VVOC 释放的第 I 阶段，TVVOC 浓度总体遵循 RH 70%＞RH 50%＞RH 30%。在释放第 II 阶段，TVVOC 浓度受 RH 的影响不如第 I 阶段显著。在不同释放时期，RH 对板材 VVOC 组分的影响程度不同，总体来看，增大 RH 可以促进酯类、醚类和醛酮类 VVOC 组分的释放。此外，RH 对板材 VVOC 组分的气味强度具有一定作用。果香、甜香、辛辣和酒香这四种气味特征是不同相对湿度条件下 PU-MDF 释放的主要气味特征轮廓。增大 RH 可以促进板材果香气味的释放，降低辛辣和甜香的气味强度。RH 在影响气味强度的同时也会丰富其气味特征轮廓，从而实现板材 VVOC 气味特征的高效表达。水性漆涂饰中密度纤维板 TVVOC 浓度整体表现为 40℃＞30℃＞23℃，升高温度加速了 WB-MDF 中酯类、醚类和醛类 VVOC 的释放。温度对板材 VVOC 气味组分的影响同时表现在气味类型和气味强度两个方面，释放初期主要影响酯类 VVOC 气味组分的释放，释放后期对醛类 VVOC 气味组分的影响较大。果香是 WB-MDF 的主要气味特征轮廓，升高温度可以促进板材果香气味的释放，酒香和辛辣气味受温度影响较小。RH 主要影响板材 VVOC 释放的第 I 阶段，RH 越大，TVVOC 浓度越高。增大 RH 可以促进 WB-MDF 中醇类、酯类和烷烃类 VVOC 组分的释放，但在不同释放阶段的影响程度不同。RH 对 WB-MDF 释放初期气味组分的影响仅表现在气味强度上。RH 会影响板材果香、甜香和辛辣气味的释放且影响程度与板材的释放阶段和释放组分密切相关。表面涂饰后的板材不建议直接在室内使用，最好将其置于高温、高湿的环境中以加速挥发性组分和气味的释放，同时还应注意加强通风。此外，根据实际需要适当延长板材的陈放时间也可以降低挥发性污染物和气味的释放水平。

　　全书从降低人造板 VVOC 及气味特征化合物释放的角度出发，对不同厚度饰面人造板及漆饰人造板释放的 VVOC 和气味进行分析研究，揭示了人造板家居制作材料中低分子量化合物产生异味的根源，为生产低污染、低毒害及低异味的家具制作材料提供科学指导，同时本书也有利于人们更加科学合理地选择和使用人造板材料，这对于保障居住者身心健康、促进木质材料及制品的健康发展均具有重要的意义和价值。